부모의 사춘기 공부

10대 자녀를 둔

부모의 사춘기 공부

초 판 1쇄 2019년 10월 16일
초 판 2쇄 2020년 01월 09일

지은이 이정림
펴낸이 류종렬

펴낸곳 미다스북스
총괄실장 명상완
책임편집 이다경
책임진행 박새연, 김가영, 신은서
본문교정 최은혜, 강윤희, 정은희

등록 2001년 3월 21일 제2001-000040호
주소 서울시 마포구 양화로 133 서교타워 711호
전화 02) 322-7802~3
팩스 02) 6007-1845
블로그 http://blog.naver.com/midasbooks
전자주소 midasbooks@hanmail.net
페이스북 https://www.facebook.com/midasbooks425

© 이정림, 미다스북스 2019, *Printed in Korea*.

ISBN 978-89-6637-719-0 03590

값 15,000원

미다스북스는 다음세대에게 필요한 지혜와 교양을 생각합니다.

10대 자녀를 둔

부모의 사춘기 공부

이정림 지음

미다스북스

자녀는 하나의 인격체다!

"어리석은 사람은 사춘기를 만나도 몰라보고, 보통 사람은 사춘기 인 줄 알면서도 놓치고, 현명한 사람은 옷깃만 스쳐도 사춘기를 함께 이겨낸다."

피천득의 『인연』이라는 수필에서 인연이 들어가야 할 곳을 사춘기로 바꿔보았다.

사춘기는 부모 의존하기를 그만두고 스스로 정체성을 찾기 위해 애쓰는 시기이다. 나는 우리 아이의 사춘기를 이해하지 못했다. 아이의 인생을 마음대로 개입하려 했었다. 자식은 키우면 키울수록 거대한 블랙홀 같았다. 결혼을 하고 두 아이의 엄마가 되어 사춘기가 된 딸을 다시 마주보게 되었다. 아이들이 어렸을 때는 건강하게만 자라면 되는 줄 알았던 지난날. 교육에 대한 방법을 모르는 상태에서 육아와 일을 병행하던 시절이었다. 아기 때 나만 바라보고 내 말을 잘 들었던 딸아이가 자아가 생기고 사춘기가 오면서 사사건건 충돌하기 시작했다. 학부모가 되어 본격적으로 교육에 관심을 두게 되었다.

사춘기를 잘 모르던 시기에 아이의 중학교 학부모 독서회에 가입하게 되었다. 필독으로 읽어야 하는 김두식의 책『불편해도 괜찮아』라는 책을 구매해서 읽었다. 검색해보니 책 소개에 아래와 같이 나와 있었다.

> "지랄 총량의 법칙은 모든 인간에게는 일생 쓰고 죽어야 하는 '지랄'의 총량이 정해져 있다는 법칙입니다. … 사춘기 자녀가 이상한 행동을 하더라도 그게 다 자기에게 주어진 '지랄'을 쓰는 것이겠거니, 생각하면 마음이 편해집니다."

딸과 나의 본격적인 지랄 총량의 법칙이 시작된 것일까?

『불편해도 괜찮아』이란 책을 만나기 이전에는 사람들과 만남을 좋아했다. 다른 학부모들의 시선을 신경 쓰고 사소한 감정에 치여 지쳐가는 시기에 나를 성찰하지 못하고 자식에 대한 충돌과 집착으로 일과를 반복하고 있었다. 아이들이 커갈수록 내 정성을 쏟은 만큼 나의 마음을 알아주지 않는 아이들의 공부와 장래에 대한 속상함이 몸 전체를 지배하고 있었다. 남편과의 관계도 소원해지고 마음속 방황의 시기였다.

아이들은 사춘기였고 나는 갱년기의 시작이었다. 몸과 마음이 아이에서 어른으로 성장하는 과정이 사춘기이고 인체가 노년으로 접어드는 시기가 갱년기이다. 나는 큰아이 사춘기 시절 무섭도록 집착했고 싸웠다. 아이와의 전쟁에서 승자도 패자도 없었다. 혹독하게 큰 병을 얻고 나서 아이에 대한 마음을 내려놓을 수 있었다. 아이와 내가 사춘기가 어른으로 가는 성장통임을 깨닫기까지 혹독한 신고식을 치른 것이다. 나의 지난 시절을 참회하고 반성하는 마음으로 이 책을 가족에게 바친다.

인생 여행은 마라톤을 하는 것처럼 출발지점과 도착지점이 다르다. 출발했던 곳으로 다시 돌아올 수 없는 것이다. 불안과 두려움을 품고 준비하지 않은 죽음이 아니라 준비된 죽음을 맞이하는 죽음은 어떤 것일까? 나무도 흙에 씨를 뿌리고 뿌리를 내리고 싹을 틔우고 줄기를 뻗어 올리고 열매를 맺고 꽃을 피우고 꽃을 떨어뜨리면 흙 위로 다시 스며들고 흙으로 돌아간다.

딸아이에게 공부를 강요하면서 내가 이루지 못한 나의 꿈을 강요했던 나와 아이에 관련된 교육서가 책 읽기의 입문이었다. 딸아이에게 자존감이 생기며 착하게 내 말을 듣던 딸이 아니라 하나의 인격체로 성장하고 있다는 것을 알게 되었다. 책을 읽으면서 깨우치게 된 순간이었다.

봄 향기에 버무려진 벚나무 아래 수북이 쌓인 잎들은 켜켜이 향기가 스며든다.

그 바람에 사람들은 근심을 잠깐 흘려보낸다. 근심도 고민도 스스로 만들어내는 것이다. 욕심을 부리지 않고 마음을 비우는 것은 마음 챙김으로 가는 길처럼 마음속에 답이 있다.

네온사인 빛으로 둘러싸인 도시의 밤은 어둠이 스며든다. 비가 내린다. 어느 카페의 커피 내리는 머신 소리, 오토바이 달리는 소리, 자동차 경적 소리, 수다스러운 아줌마, 아저씨 말소리, 인삼 달이는 소리 증기 소리, 압력밥솥 쌀이 익어가는 소리, 늙어가는 것은 후각이 예민해지고 이른 밤의 잠이 많아진다는 것처럼.

므두셀라*

― 이정림

아스팔트 밑에는 고목 古木이 산다

오고 가는 사람들 발길에 뒤척인다

해를 찾아가며 자란 꽃잎

자라지 못하고 시들어갔다

나무 실루엣이 사라진 거리는

어제의 운세를 믿지 않았다

감출 수 없었던 비밀은

허기진 쪽으로 기울어졌다

아이는 진화되지 못하고

대낮에도 달이 떠다니는 이유를 안다

배양할 수 없는 척박한 땅에서

농토는 타들어 간 가뭄이 흔적으로

얼굴은 실금이 번져간다

지울 수 없는 기억과

어렸을 적 설화는 주술이 되었다

검은 봉지 속은 병점이 출렁인다

갈증에 입이 마른 나무는

뼈에로 입술을 탁본한다

사루비아 피어난다

항아리 금 사이로

물이 새고 그녀가 젖어간다

부패한 계절은 사춘기로 흔들린다

엄마는 므두셀라처럼 두꺼워진다

빼지 못한 시간은 뿌리로 누워

뒤엉킨 하루가 걸어 나온다

암흑의 시간으로 뒤엉켰던 아이와의 사춘기 시절을 뒤돌아보며 후회도 많이 했다. 나이가 더해지면서 아이들과의 사이도 단단해지기 시작했다. 내 생각도, 삶도 단단해지고 회복 탄력성이 생기는 것 같았다. 나를 들여다보는 시간은 아이들과의 성장과 소통을 통해서 이루어진다. 매일 주어지는 시간을 통해 세상으로 나아가고 마음속에서 새로운 사랑이 자라나기 시작했다. 나는 가족과 함께 성장통을 앓고 있다.

이 책은 사춘기 자녀 때문에 힘들어하는 부모님들에게 힘과 도움을 주고 그들을 응원하고자 집필하게 되었다.

*므두셀라 : 구약성서에 나오는 인물로 에녹의 아들이요 라멕의 아버지며 노아의 할아버지이다. 성서에 나오는 인물 중 최고령인 969년을 살았다고 한다(창 5:21-27)

차례

부모의 사춘기 공부

첫째 시간

결국, 드디어

사춘기가
와버렸습니다

1
찌질한 부모, 울면서 대드는 아이

**교육은 그대의 머릿속에 씨앗을 심어주는 것이 아니라
그대의 씨앗들이 자라나게 해준다.**
- 칼릴 지브란

사춘기가 시작되다

아이가 본격적인 사춘기가 되어도 끊임없이 잔소리를
하는 부모가 많다. 아이가 부모의 말을 듣지 않으면 화를 내고 흥분해서
갈등을 겪기도 한다. 아이는 부모의 꾸중을 견디지 못할 수도 있다. 부모
는 공부를 잘하고 바르게 성장했으면 하는 마음으로 화를 내게 되고, 아
이는 부모의 화로 인해 스트레스를 받게 되는 것이다. 아이가 사춘기가
되어 아침부터 밤까지 부모 말을 듣지 않더라도, 부모는 아이를 용서해
줄 수 있는 용기가 필요하다. 아이는 부모의 기대에 부응하기 위해 행위
에 주목하지 않는다.

내 아이는 소금과 같은 존재다. 고래가 몰고 온 눈물의 씨앗처럼 파도 소리가 모인 염전의 산이 되어 사춘기 부모의 마음속에 눈물을 만든다. 진한 어둠의 시간이 흐르면 사춘기의 어둠이 다가오고 갈등의 굴레에서 숨가쁜 속삭임으로 화를 삭힌다. 하얗게 결정체가 된 소금은 바다의 피부와 파도의 거품처럼 감정이 생겼다 부서지기를 반복한다.

사춘기가 본격적으로 시작되는 시간이 다가온다.

아이와의 사춘기로 갈등을 겪은 뒤에 마음이 괴롭고 답답할 때면 남한산성을 운전해서 올랐다. 유키 구라모토의 〈Lake Louise〉 음악을 들으면서 마음을 가라앉히고 남한산성의 구불구불한 길을 운전했다. 남한산성에 위치한 망월사 절을 자주 찾았다. 절의 풍경에서 나는 소리는 바람의 옷깃이 스쳐가는 소리처럼 나에게 청명한 울림을 주었다.

김두식의 『불편해도 괜찮아』에는 이런 내용이 나온다.

"제 딸아이가 중학교 1학년이 되면서 모든 것이 바뀌었습니다. 그해 5월, 딸아이는 '엄마 아빠 같은 찌질이로는 살지 않겠다'고 선언했습니다. 그러고는 모든 권위를 의심하기 시작했습니다. 집에 들어오는 시간이 늦어졌고, 집에 올 때면 동급생 남자친구들의 호위를 받았습니다.

친구들에게서 "너는 그래도 부모한테 맞지는 않잖아?"라는 위로를 들으면, 딸아이는 아무렇지도 않게 "차라리 맞는 게 낫다"는 말을 던졌습니다. 피아노학원 하나도 아이가 싫다면 당장 그만두게 했던 우리 부부는 이 상황을 받아들이기가 너무 힘들었습니다. 역시 엄마가 일을 하기 때문에 아이가 이렇게 되었나 하는 죄책감에도 시달렸습니다. 아이하고는 자꾸 충돌하게 되는데, '찌질이' 부모로서는 도무지 원인을 알 수가 없었습니다."

2000년 9월 6일 아침, 만삭이었던 나는 본격적인 진통이 오는 것을 느꼈다. 라마즈 호흡법을 떠올리며 차병원 분만 대기실의 침대 위에 누워 있었다. 분만장으로 옮길 준비를 마치고 식구들과 떨어져서 일반 침대에서 분만장 침대로 옮겨가는 중이었다. 몸이 무거워 부축을 받지 않으면 옮기지 못하는 상황에서 간신히 간호사들의 도움을 받아 간신히 몸을 추스르며 옮기는데, 팔이 침대와 침대 사이에 끼어 있는 상태가 되었다. 미처 말할 틈도 없이 간호사들도 서둘러서 나를 밀듯이 다른 침대로 옮겼고 진통 간격이 좁혀져 오는 상황에서 간호사들도 정신없이 나를 옮겨주려 하다가 내 오른팔이 침대와 침대 사이에 빠진 줄도 모르고 서둘러서 이동시켰다. 진통 때문에 정신이 없던 나는 배도 아프고 팔이 잘려나간 것처럼 통증을 느꼈다. 아기가 나오려고 하는 찰나 분만장 침대 위에 누웠는데, 오른팔과 어깨가 사이가 잘린 것처럼 아팠다. 아기가 나오려는 배의 진통과 어깨의 팔이 잘린 것 같은 통증이 동시에 찾아오니 정신이 없었다. 그 와중에 간호사에게 간신히 말했다.

"간호사님, 팔이 너무 아파요."

간호사가 내 머리 위에서 팔을 만져보더니 말했다.

"산모님 저….."

의사와 간호사가 말을 잇지 못하고 더듬거렸다

"산모님 팔이 빠졌는데… 일단 아이를 받고 다시 끼워드릴게요."

나는 진통이 있는 가운데 팔이 빠졌다고 간호사와 의사가 황당해하는 말을 들었다.

딸은 3.4kg으로 건강하게 태어났다. 딸아이를 출산한 후에 분만장에 누운 채로 정형외과 의사의 진료를 받았다. 엑스레이를 찍고 확인한 후에 어깨 탈골이라고 하며 팔을 끼워 맞춰주었다. 산후조리로 병실에서 몸조리할 때도 팔 한쪽을 깁스한 채 젖몸살과 모유 수유를 동시에 하는 처지였다. 한쪽 팔로만 신생아인 딸을 간신히 안고 모유 수유를 했다.

웃지 못할 사건으로 주변 사람들은 어이없다는 반응이었다. 친구들과 직장동료들이 라디오 방송에 사연으로 보내라고 할 정도로 희귀한 사건이라며 웃으면서 담소를 나누었다.

화장을 시작하는 아이

딸아이가 중학교 1학년이 되어가면서 화장을 시작했다. 학생이 학생답지 못하다고 생각했던 나는 틈만 나면 딸아이를 감시했다. 치마가 점점 짧아졌다. 하교 후에 바로 집에 오지 않고 30분에서 1시간 정도 시간의 틈이 생겼다. 그리고 딸아이는 들어오기가 무섭게 다그치면 시원치 않은 대답과 함께 자기 방으로 얼른 들어가는 것이었다.

딸아이가 아침에 등교할 때 현관문을 나서서 학교 가는 길에 화장하고 학교 하굣길에 지우고 온다는 사실은 나중에 알게 되었다. 학교 상담을 하러 갔는데 담임 선생님이 화장에 대해 언급하는 것이었다. 나는 화장을 하지 않는 줄 알았다. 집에도 화장용품이 없었기 때문에 철석같이 아이를 믿고 있었다. 나는 딸아이의 방을 뒤졌다. 펜슬, 립스틱, 렌즈 등 화장품 파우치가 가방 밑바닥에 있었다. 딸아이가 들어왔을 때 무섭게 야단을 쳤다. 그리고 화장품 파우치를 쓰레기통에 버렸다. 딸아이는 울고불고 난리가 났다.

나는 그 사건으로 마무리되는 줄 알았다. 몇 주 후에 학부모 모임이 있어서 나갔더니 같은 반 엄마가 내 딸아이 화장을 언급했다. 학교에 상담차 갔는데 교실에 잠깐 들렀다가 화장하고 있는 아이를 보고 잘 몰라봤다는 것이었다. 나는 당황해서 듣고만 있었다. 내 상식으로 이해가 가지 않는 아이의 화장 때문에 분했지만, 티 내지 않게 삭혔다. 모임이 끝난 후에 집에 와서 잠든 아이의 방에 몰래 들어가서 가방을 뒤졌다. 혹시나 했는데 역시 아무것도 나오지 않아서 안심했다. 그래도 계속 의심의 꼬리를 내리지 않던 중에 작은아이가 귀띔을 해주었다.

"엄마, 누나가 복도에서 왔다 갔다 해요. 어디다 화장품 상자를 숨겨놓는 것 같아요."
"그래?"
"네. 제가 본 것 같아요."

남편과 나는 작은아이의 이야기를 듣고 복도를 뒤지기 시작했다.

화장품과의 전쟁을 선포했다. 한참을 헤매던 중에 내가 사는 위층 아파트 층과 층 사이에 있는 소방호스를 보관하는 곳을 열어봤다. 거기에 화장품 파우치가 얌전히 놓여 있었다.

'도대체 왜 이럴까?'

남편과 나는 심각한 고민에 빠졌다. 화장품 파우치를 들고 들어와서 딸아이를 혼내기 시작했다. 남편은 무섭게 야단을 치며 딸아이 보는 앞에서 쓰레기통에 집어던지기도 했다. 딸아이는 화장만큼은 해야 한다며 울고불고 난리를 쳤다.

"엄마는 몰라요."
"내가 뭘 몰라."
"화장해야 친구들이 무시하지 않아요."
"나는 무시당하지 않으려고 화장한 거라고요."

남편이 말을 받아쳤다.

"말도 안 되는 소리 하지 마. 학생이 공부해야지, 무슨 말도 안 되는 소리니? 화장은 공부를 못하는 아이들이나 날라리들이 하는 거잖아."
"요새는 화장해야 친구들도 친구 사이에 끼워준다고요."

아이는 울면서 대들었다. 나와 남편도 더 할 말이 없었다. 꼬박꼬박 말대꾸하는 아이의 모습을 보면서 말문이 닫혔다. 전형적인 중1 여학생의 모습이었다. 이후 딸아이가 가지고 있던 화장품 파우치를 압수했다. 화장품 파우치를 다 뺏기고 나더니 딸아이는 기운이 빠진 모습이었다. 우리에게 말문도 닫았다.

2
사춘기 아이의 엄마로 산다는 것

믿음이란 계단의 끝이 보이지 않을 때도 첫걸음을 내딛는 것이다.
- 마틴 루터 킹 주니어

부모의 유연성

허균의 『한정록』에는 이런 말이 나온다.

"상용은 노자의 스승으로 알려진 인물이다. 그가 세상을 뜨려 하자 노자가 마지막으로 가르침을 청했다. 상용이 입을 벌리며 말했다.

"혀가 있느냐?"

"네, 있습니다."

"이는?"

"하나도 없습니다."
"알겠느냐?"

노자가 대답했다.

"강한 것은 없어지고 부드러운 것은 남는다는 말씀이시군요."

말을 마친 상용이 돌아누웠다.
노자의 유약겸하(柔弱謙下), 즉 부드러움과 낮춤의 철학이 여기서 나왔다."

사춘기 아이를 둔 10대들의 부모도 유연성과 부드러움이 필요하다. 어제 한 잘못된 행동을 오늘도 어김없이 반복하는 아이를 보면서 한숨을 쉰다. 말로는 아이를 바꾸기가 힘들다는 생각을 한다.

명나라 때 육소형의 『취고당검소』에서는 이런 말이 나온다.

"혀는 남지만, 이는 없어진다. 강한 것은 끝내 부드러움을 이기지 못한다. 문짝은 썩어도 지도리는 좀먹는 법이 없다. 편벽된 고집이 어찌 원융함을 당하겠는가?"

강한 것은 남을 부수지만 결국 제가 먼저 깨지고 만다. 부드러움은 오래간다. 어떤 충격도 부드러움의 완충 앞에서 무기력해진다. 강한 것을 더 강한 것으로 막으려 하면 결국 둘 다 상한다. 출입을 막아서는 문짝은 비바람에 쉬 썩는다. 하지만 문짝을 여닫는 축 역할을 하는 지도리는 오래될수록 반들반들 빛난다. 좀 먹지 않는다. 어째서 그런가? 끊임없이 움직이기 때문이다. 하나만 붙들고 고집을 부리기보다 이것저것 다 받아들여 자기화하는 유연성이 필요하다는 것이다.

나는 큰아이, 작은아이의 일기장을 유치원 때부터 쓴 것을 모아두고 있다. 아이들이 성장한 후에 성인이 되면 일기장을 추억의 타임캡슐에 넣어주기 위해 보관하는 것이다. 색다른 추억을 선물해주는 아이들의 일기장은 나에게 또 다른 선물이다.

큰아이 일기장의 한 페이지

2011년 5월 18일 날씨 맑음이다.

오늘 나는 아침에 일어나 아침을 먹고 학교에 갔다. 학교에 가서 아침 자습을 하고 수업을 했다. 수업하고 집에 갔는데 외할머니가 계셨다. 그래서 좋았다.

그러고선 간식을 먹고 학원에 갔다 왔다. 숙제하고 있는데 아빠가 오셨다.

우리는 외할머니, 엄마, 아빠, 나, 동생 이렇게 저녁을 먹었다.

그리고 수학 문제를 풀었는데 다 맞아서 아빠한테 칭찬을 들었다. 기분이 왠지 으쓱했다. 아빠는 수학을 잘하셨다. 나도 앞으로 수학을 열심히 해야겠다.

그리고 할머니가 가셔서 인사를 드렸다. 위기탈출 넘버원을 보고 수학 문제집을 풀고 잤다. 난 오늘 깨달았다. 공부는 우리 생활에 없어서는 안 된다는 것을 깨달았다.

지랄 총량의 법칙에 대하여

다시 태어날 시간이다. 서두르자. 나만 아는 나, 남이 아는 나, 내가 모르는 내가, 남이 모르는 내가 있다. 아이가 누구인지 궁금하지만 시간이 주는 영속성 앞에서 시간에 먹혀가는 것인지 사춘기가 시간을 먹는 것인지 누구나 시간을 먹는다.

김두식의 『불편해도 괜찮아』에는 이런 내용이 나온다.

"운동권 출신으로 한때 교사로 일했고 우리 딸 또래의 아들을 키우고 있던 유 선생님은 저에게 혹시 '지랄 총량의 법칙'을 들어본 적이 있느냐고 물어보셨습니다. 당연히 처음 듣는 말이었습니다. 유 선생님의 설명에 따르면, 지랄 총량의 법칙은 모든 인간에게는 일생 쓰고 죽어야 하는 '지랄'의 총량이 정해져 있다는 법칙입니다. 어떤 사람은 그 정해진 양을 사춘기에 다 써버리고, 어떤 사람은 나중에 늦바람이 나서 그 양을 소비하기도 하는데, 어쨌거나 죽기 전까진 그 양을 다 쓰게 되어있다는 이야기였습니다. 사춘기 자녀가 이상한 행동을 하더라도 그게 다 자기에게 주어진 '지랄'을 쓰는 것이겠거니, 생각하면 마음이 편해진다고도 했습니다. 사춘기에 호르몬이 어쩌고저쩌고하는 설명도 가능하겠지만, 그것 보나 훨씬 더 마음에 와닿는 표현이었습니다."

결혼하고 아이를 출산하면 자연스럽게 부모가 되면서 육아를 하고 교육하게 된다.

나는 늦은 나이에 결혼하고 출산하면서 부모가 됐지만 서툴기만 했다. 첫아이 때는 워킹맘이었기 때문에 전적으로 친정엄마에게 의지했다. 온통 초보 엄마였던 시절에는 아이를 등에 업는 것도 잘하지 못해서 부모님이 도와주셨다. 다행히 아기 띠가 있어서 수월했다. 엄마가 될 준비가 되어 있지 않은 상태에서 아이 때문에 잠도 못 자고 오로지 아이만 바라봐야 하는 것이 힘들었다. 내 안의 분노도 치밀어 올랐다. 직장에 가면 아이에 대한 걱정 때문에 불안했고 집에 오면 직장에 대한 걱정 때문에 늘 좌불안석이었다.

김보성, 김향수, 안미선의 『엄마의 탄생』에는 이런 내용이 나온다.

"워킹맘은 시시때때로 '아이도 제대로 못 키우면서 무슨 영광을 보겠다고 이 고생인가'라는 회의에 젖고 전업주부는 '돈도 못 벌면서 아이도 제대로 못 챙기니 이게 무슨 꼴인가'라고 자책한다. 고군분투해도 엄마 노릇은 불충분하기만 하다."

꼭 영화 이야기만은 아니다. 한국 사회에서 엄마는 '슈퍼맨'이다. 먹거리 불안에 맞서 '엄마표' 간식으로 내 아이의 건강을 챙기고, 수년에 걸친 성장앨범을 준비해서 아이의 초등학교 자기소개 시간에 꺼내놓는다. 아이가 영어유치원에 다니면 엄마 스스로 영어 공부도 마다하지 않는다. 저자들은 아이의 기획·관리자로서 엄마의 역할은 끝이 없다고 말한다. '헬리콥터 맘', '잔디 깎기 맘' 등은 자식 옆에 붙어 다니는 엄마들을 지칭하는 말이다

"봉준호 감독의 영화 '마더'는 여고생을 살해한 혐의로 체포된 아들

을 구하려는 엄마의 광기 어린 모정을 다뤄 화제가 됐다. 여고생을 살해한 혐의로 체포된 아들을 구하려는 엄마의 광기 어린 모정을 다뤄 화제가 됐다. 엄마 덕분에 진범인 아들은 혐의를 벗지만 다른 정신지체 청년이 죄를 뒤집어쓴다. 내 아들이 진범이라고 고백할 수도, 무고한 청년을 변호할 수도 없는 상황에서 엄마는 그 청년에게 울부짖는다. "넌 엄마 없니, 엄마 없어?""

– "전업맘도 워킹맘도 고달픈 '양육전쟁' …해법은 없을까", 〈동아일보〉, 2015. 06. 01.

딸이 재학 중이던 고등학교에서도 그림자처럼 붙어 다니는 엄마들을 봤다. 그들은 사춘기라는 감정보다는 공부가 우선시되는 수험 분위기 앞에서 치열하게 살아간다. 자아실현의 꿈을 키워온 '고학력 맘'들이 스스로 모성의 덫에 뛰어드는 모습은 언뜻 보면 의아하다. 저자들은 과거와 달리 요즘 여성이 숱한 검토 끝에 결혼할지, 아이를 가질지 등의 인생 경로를 선택하는 데서 그 배경을 찾는다. '엄마가 되기로 신중하게 선택한 여성은 역설적으로 아이를 통해 끈질기게 존재의 의미를 찾으려 하는 것이다.'라고 이야기한다.

나 자신의 인생보다는 아이에게만 집중하는 모습을 보면서 씁쓸하기도 하다. 아이의 사춘기도 아이의 공부도 고스란히 받아내고 감내해야 하는 모습을 보면서 맹모삼천지교가 맞는 것인지에 대한 의구심도 갖게 된다. 아이는 나의 소유물이 아니다. 자녀는 자녀대로 인생이 있고 엄마는 엄마대로의 인생이 있는데 가만히 두지를 못하는 엄마의 마음을 자녀들은 알지 못한다. 사춘기 시절이 지나가고 나면 돌아올 수 없는 길이기 때문에 잘못된 길로 가지 않게 하려고 고군분투하는 것이다.

자발적이라고 해서 엄마들의 신음을 놔둬도 괜찮은 것은 아니다. 아이가 아파도, 잘 안 먹어도, 공부를 못해도 '다 엄마 탓'이라는 지적은 엄마들에게 너무 무거운 짐이기 때문이다. 육아의 사회적 기준이 지나치게 높다 보니 워킹맘이든 전업주부든 늘 아이를 제대로 챙기지 못하고 있다는 불안함과 죄책감을 떠안고 산다. 해법이 쉽진 않다. 다만 저자들은 엄마들의 눈물과 한숨, 우울과 히스테리가 개인의 문제가 되지 않도록 그들의 목소리에 귀를 기울이라고 제안한다.

★ 사춘기 자녀의 엄마로 산다는 것은?

아이는 나의 소유물이 아니다. 사춘기 자녀들은 부모의 마음을 알지 못한다.

지랄 총량의 법칙처럼 사춘기 자녀가 이상한 행동을 하더라도 그게 다 자기에게 주어진 '지랄'을 쓰는 것이라고 생각하면 마음이 편해진다.

3
아이가 무조건 '몰라'로 일관하는 이유

당신이 무언가 간절히 소망하고 원하면 온 우주가 그 일이 일어나도록 도와준다.
- 랄프 왈도 에머슨

무조건 '몰라'로 일관하는 아이

작은아이가 다니는 중학교는 집에서 6km 정도에 자리 잡고 있다. 버스를 타고 등하교해야 하는 거리라서 시간에 대한 개념이 중요한 때이다. 등교 때에는 아빠와 출근길이 같아서 근처에 내려준다. 그런데 매번 등교를 자가용으로 해주었더니 당연한 것으로 받아들이는 경향이 있다.

매일 아침이면 전쟁이다. 욕실에서 씻어야 하는 시간, 밥을 먹는 시간, 준비해야 하는 시간에 대하여 남편과 나는 매번 말했더니 아들은 잔소리로 여기는 것 같았다. 아침 시간의 소중함과 더불어 늦으면 지각한다는 인식을 크게 하지 않던 아이는 남편과 자주 티격태격했다. 시간에 대한 개념을 심어주어야 한다는 마음에 아이에게 이야기해주면, 들을 때에는 알아듣는 것 같더니 다음 날이 되면 같은 패턴이 반복되었다.

차 안에서 시동을 켜놓고 기다리는 날이 빈번했다. 남편은 회사에 지각했다. 아들의 등교 시간보다 더 빨리 가야 하기에 상사에게 자주 주의를 들었다. 어느 날부터인가 약속된 시간을 지키지 않으면 남편은 아이를 두고 나갔다. 하루는 약속된 시간을 지키지 않아 남편이 아이를 두고 출근했다. 나가면서 나에게 당부했다. 아이가 부탁해도 데려다주지 말라는 것이었다. 아니나 다를까 나 역시도 아이가 바래다 달라고 부탁하는데도 들어주지 않았다. 등교해야 할 시간이 얼마 남지 않았는데 늦잠을 잔 아이는 태평하게 씻고 나서도 등교를 서두르는 기색이 없었다. 데려다 달라는 부탁을 들어주지 않았더니 소파에 교복을 입은 채로 드러누웠다.

"나도 몰라. 아빠가 늦게 씻고 나와서 아빠 때문에 늦은 거야. 그리고 엄마도 바래다 달라는데 안 바래다주고…."

어이가 없는 아이의 행동이었다. 아이는 툴툴거렸다. 몇 분이 흐르자

아이도 지각이 걱정되는지 나한테 담임 선생님에게 문자를 보내 달라고
했다. 무단 지각이 될까 봐 나는 서둘러서 담임에게 문자를 보냈다. 몇
분의 시간이 흐르고 아이는 가방을 메고 문을 나섰다. 등교하면서 나에
게 전화를 해서는 아빠 탓, 엄마 탓을 했다. 첫아이를 키웠기 때문에 의
연하게 대처하자고 마음속으로 다짐하지만, 도대체 이해할 수 없었다.

아이를 인정해줘야 하는 시간이 오다

곽금주의 『마음에 박힌 못 하나』에는 이런 내용이 나온다.

"기본적으로 우리는 모두 다른 사람들로부터 인정받기를 원한다.
그러나 가장 중요한 것은 내가 나를 인정하는 것이다. 누군가가 인정
해주지 않아도 우리는 스스로를 계속해서 인정해줄 수 있다. 스스로
가 인정할 만한 행동이나 말을 했을 때, 주저하지 말고 스스로를 칭
찬하고 격려해야 한다. 상대방이 나를 이해해주지 않을 때 화부터 내
기 십상이지만, 이럴 때일수록 잠시 멈추고 천천히 숨을 내쉬어보자.
그리고 스스로에게 말을 걸어보자. '괜찮아, 다른 사람들이 어떻게
생각하든 내 기분을 망가뜨릴 수 없어.' 우습게 들리는가? 하지만 이
런 한마디만으로 우리 기분은 획기적으로 반전될 수 있다."

작은아이도 부모에게 가족에게 인정받기를 원하는 것일까? 충동적으

로 행동하고 말하는 모습을 보면서 더 이상의 말이 먹힐 것 같지 않아서 아이를 보냈다. 다시 전화가 걸려왔다. 엄마가 바래다주었으면 지각이 되지 않았을 거라며 구구절절 원망을 늘어놓았다. 스스로에 대한 행동은 인정하지 않고 부모 탓을 했다.

아이가 순간 잘못 말했거나 잘못 행동한 거라서 지워야 하는 기억인데도 세월이 갈수록 더 생각나는 것은 무슨 까닭일까? 과거에 대한 지나온 시간에 대해 비움이 없이는 새로운 것이 들어갈 자리가 없다.

비우고 버려야 새로운 것이 들어오는 법칙은 수용하지 않던 나였다. 큰아이 때는 아이에게 끊임없이 잔소리했다. 나는 버려야 할 것들을 버리지 못했다. 집착을 버리지 못하고 아이를 내 안에 담아두려고 했다. 하지만 작은아이를 키우면서 많이 관대해졌다. 큰아이는 정해진 틀대로 키우고 어떤 행동이나 말도 크게 받아들였던 반면에 작은아이는 어떤 행동이나 말도 크게 받아들이지 않으려고 노력한다. 아이에게 일방적인 말을 많이 할수록 아이는 잔소리로만 여겼다.

말을 시키고 물어보면 '몰라 무조건 몰라'로만 일관하는 모습을 보면서 아이가 말을 걸 때까지 기다려야겠다는 생각을 했다.
작은아이는 큰아이와는 다르게 틀 안에 가두어두지 않으려고 노력한다. 학부모 모임에서 다른 엄마들과 대화를 해봐도 비슷하다. 큰아이는 첫 번째라서 집착하고 기대를 많이 했던 것 같다고. 첫아이는 사육이고 동생은 방목하게 되는 것 같다고 웃으면서 이야기를 나눈다.

자녀들이 사춘기가 오면 간섭하지 않고 지켜보며 시행착오를 거듭할 기회를 줘야 자기 인생을 스스로 개척할 줄 아는 어른이 된다. 시행착오를 거듭할 기회를 주지 않기 때문에 사사건건 자녀와 부딪치는 것이다.

사춘기는 자녀에게 자아가 생겼다는 현상인데 그것을 자연스럽게 받아들이지 못하고 조급해한다. 그런데 조급해하면 할수록 자녀는 더 엇나가게 된다.

아이는 부모의 간섭이 싫어서 모르쇠로 일관하게 되는 것 아닐까?

아이는 때가 되면 부모의 품을 떠나게 된다. 때가 되어 아이가 부모 품에서 벗어나는 것을 기뻐하는 마음으로 받아들이면 부모도 편하다. 사춘기가 되면 아이의 거짓말이 빈번해진다.

캐빈 리먼의 『사춘기 악마들』에는 이런 내용이 나온다.

"거짓말 할 때 이렇게 말한다.
"정직하게 말하고 행동하면 인생이 훨씬 자유롭고 행복해질 수 있단다. 내가 원하지 않는 말을 듣게 돼도 내가 솔직하게 말한 점은 존중할 거야. 엄마는 늘 너한테 솔직하기로 다짐했는데…. 좀 더 욕심을 부려야겠구나. 정직한 것에 대한 네 생각을 알고 싶어. 엄마로서 딸인 너를 존중하고 싶기 때문이야.'"

말의 힘이 아이에게 느껴질까? 아빠도 적용할 수 있을 것 같고 아들이 들어도 딸이 들어도 좋은 대화의 기술이다.

아이와의 좋은 대화가 인생을 바꾼다. 아이는 대화할 때 경청하며 집중해서 동조하고 있음을 표현하면 마음의 문을 연다. 사춘기 아이는 어렵게 생각하면 한없이 어렵다. 아이가 말문을 열기 시작하면 그동안 자신의 감정을 이해받지 못한 것에 관해 이야기를 펼쳐놓는다. 아이가 '몰라.'라는 말 대신 말문을 열 때까지 기다려주는 부모의 지혜가 필요하다.

★ 아이가 무조건 '몰라'로 일관할 때는?

아이 스스로가 인정할 만한 행동이나 말을 했을 때, 주저하지 말고 칭찬하고 격려해야 한다.

상대방이 나를 이해해주지 않을 때 화부터 내고 '몰라'로 일관하기 쉬운데 이럴 때일수록 잠시 멈추고 천천히 숨을 내쉬어보자.

4
고집에는 침묵, 불통에는 칭찬이 답이다

어렸을 때 나에게는 정말 많은 꿈이 있었다.
그 꿈들은 내가 많은 책을 읽으면서 생겨났다.
- 빌 게이츠

사춘기와 공부력 사이에서 고민하다

자녀 교육은 세계적인 부모들의 공통의 주된 관심사이다. 프랑스에서는 부모 교육이 따로 있다고 한다.

딸아이는 사춘기가 본격적으로 오면서 나에 대한 반항이 시간이 갈수록 더해지는 것 같았다. 나도 마음이 답답하여 교육에 관련된 책을 사서 보거나 도서관에 다니기 시작했다. 도대체 어떻게 해야 할 것인가? 딸아이와 소통이 아니라 불통이었다.

나는 아이와의 소통을 위해 여행도 선택했다. 여행을 가면 아이가 좀 달라질 거라는 생각에서 출발했다. 경상남도 거제시 남부면 도장포마을로 출발했다. 남부면 해금 강마을 가기 전 도장포마을이 있다. 좌측으로 내려가면 도장포길 유람선 선착장이 있어 외도 · 해금강 관광을 할 수 있으며, 매표소에서 보이는 언덕이 바람의 언덕은 잔디로 이루어진 민둥산으로 바다가 시원하게 보이는 전망이 좋은 곳이다.

거제시 남부면 도장포마을, 그 마을의 북쪽에 자리 잡은 포근한 언덕.
도장포마을 바닷가 선착장에서 나무로 만들어진 산책로를 따라 언덕으로 한 걸음씩 가다 보면 바다 넘어 노자산을 등지고 자리 잡은 몽돌해변으로 유명한 학동마을의 전경을 볼 수 있다. 이곳 '바람의 언덕'은 지리적인 영향으로 해풍이 많은 곳이기에 자생하는 식물들 또한 생태 환경의 영향을 받아 대부분 키가 작은 편이다. '바람의 언덕' 뒷자락에는 오랜 세월 해풍을 맞으며 뿌리를 내린 수령 높은 동백나무 군락이 있다. 주름진 듯 나이를 먹은 동백나무의 상처 난 나무껍질은 세월 그 자체로 남아 세상의 모든 꽃이 몸을 사리는 한겨울에 당당하게 핏빛 꽃망울을 펼쳐 고단한 생을 위로해준다.

사회가 점점 빠르게를 외치며 복잡해지고 변화하고 있다. 부모와 자녀들과의 관계는 더욱 단절되고 고립된 방향으로 가고 있는 것은 아닌지 고민하는 시기가 사춘기다. 자녀와의 성공적인 소통여부를 결정짓는 것은 자녀의 정서적 이해를 바탕으로 한 대화기술에 있다. 자녀의 정서에 공감하면서 대화할 줄 아는 부모는 자녀와 의사소통이 잘된다.

대다수는 평범한 엄마들이다. 그렇지만 학부모들은 크게 세 부류로 나뉜다고 한다.

첫째, 전교 1등의 자녀를 두었거나 서울대에 입학시킨 자녀를 둔 엄마이다.

둘째, 전교 1등의 자녀를 둔 엄마는 아니지만 학교 설명회, 학원 설명회 입시정보에 아주 정통하고 주변에 이를 알리고 소통해주는 엄마다.

셋째, 본인의 능력과 아이들의 평범하기 때문에 늘 입시정보가 궁금하고 목말라 있다.

다른 학부모에게 듣는 정보를 맹신하고 정석이라고 여기는 경우가 많다. 학부모 모임, 카페, 친목회, 학교 어머니회에서 들은 입시정보를 자녀에게 그대로 실행한다. 아무것도 모르는 아이들은 엄마의 압력을 그대로 받아내야 한다.

학부모에게 자녀를 교육하는 데 있어서 가장 중요한 것은 내 아이를 잘 알고 있는 것이다. 입시에 대한 교육은 매년 바뀌고 입학하는 전략과 공부하는 방법도 아이마다 다르다는 것이다. 천차만별인 공부법과 입시에서 내 아이에게 잘 맞는 방법을 적용해야 한다.

공부력은 학생 개인의 능력과 주위 환경을 통해 형성되는 일종의 '기본 근육'이다. 공부는 '공부력'이 뒷받침돼야 꾸준히 해나갈 수 있다. 아이를 믿고 신뢰하면 혼자 공부할 수 있는 습관이 생기며 공부력이 생기게 된다. 물론 환경조성도 잘 해주어야 한다.

때로는 침묵이 답이다

여행지에서는 딸아이와 사이가 좋았다. 여행을 다녀오고 난 후 일상으로 돌아가니 아이의 사춘기 병은 다시 시작되었다. 끝도 없는 미지의 세계를 가는 것처럼 아이가 어디로 가는지 몰랐다. 다행히 어울리던 그룹의 친구와 관계가 소원해졌고 그 그룹에서 한 여학생이 다른 학생을 학교폭력위원회에 신고하는 사건이 발생해서 학교가 시끄러웠다.

다행히 딸아이는 그룹에서 빠진 상태여서 아무 일도 없었다.

김경일의 『지혜의 심리학』에는 이런 내용이 나온다.

"첫 번째, 재능이 아닌 노력을 칭찬해주어야 한다고 전한다. 자녀에게 '넌 정말 똑똑해'라고 재능을 칭찬하게 된다면 자녀가 시험에서 낮은 점수를 받아오면 '나는 IQ가 낮아서 점수가 안 나왔어.'라고 대수롭지 않게 생각한다. 그러나 노력하는 과정을 칭찬한 아이는 성적이 안 나와도 좌절하지 않고 더욱 노력한다고 한다.

두 번째, 사건이나 결과가 위주가 아닌 자녀의 인격 자체를 칭찬해야 해주어야 한다. 자녀의 인격 자체를 칭찬해주면 칭찬해준 사람이 나에게 호감을 가지고 있으면서 긍정적 평가를 내리는 것으로 생각한다. 사람들은 싫어하는 사람의 성공은 그 칭찬에 인격을 포함하지 않지 않는다.

세 번째, 의도적인 행동, 무의식적인 행동, 반사적인 행동을 주목하고 칭찬해주어야 한다.

사람들은 자신이 한 행동에 칭찬을 받게 되면 자연스럽게 그 칭찬받은 행동의 원인에 대해 궁금해진다. 그런데 내가 매우 계산적이고 의도가 있는 행동을 했을 때 칭찬을 받게 되면 결국 자신의 가증스러운 모습을 확인하게 된다고 전한다."

무조건 잘 참고 부모님 말씀에 늘 순종하기만 했던 모습의 아이가 아니고, 사춘기가 본격적으로 시작된 아이의 모습은 부모에게 낯설다.

소통되지 않는 대화를 할 때에는 침묵이 필요하다. 아이가 상황을 파악하지 못하고 자신만의 고집과 자기주장으로 일관할 때, 침묵을 선언하고 자리를 뜨는 것도 좋은 방법이다. 아이에게 생각할 시간을 주는 것이다.

침묵의 시간이 지나고 대화의 문을 열면 아이가 무슨 이야기를 해도 수용할 준비가 되어 있어야 한다. 대화하는 동안에 아이에게만 온전히 집중하는 모습을 보이며 아이에게 안도감을 심어주면 아이는 특별한 사랑을 받고 있다고 느낄 것이다.

엄마 아빠의 사춘기 공부 실전연습

★ 어떻게 해야 아이가 달라질 수 있을까?

첫째, 재능이 아닌 노력을 칭찬해야 한다.

둘째, 사건이나 결과가 아닌 인격 자체를 칭찬해야 한다. '잘했어.'라는 말보다 'OO야, 잘했어.'라는 말이 훨씬 좋게 들리고 동기 부여가 된다.

셋째, 의도적인 행동이 아니라 무의식적인 행동, 즉 반사적인 행동에 주목하고 그것을 칭찬을 해야 한다.

5
우리 아이, 정말 문제가 많은 걸까?

생각하는 것은 쉽고 행동하는 것은 어렵다.
그리고 세상에서 가장 어려운 것은 그 생각을 행동으로 옮기는 것이다.
- 요한 볼프강 폰 괴테

좋은 것만 행동할 사춘기를 만들자

요한 페터 에커만의 『괴테와의 대화』에는 이런 내용이

나온다.

"타인을 움직이다 편에 진정으로 타인의 마음을 움직이고 싶다면,

결코 비난해서도 안 되고 잘못을 마음에 두어서도 안 된다. 좋은 것

만 행하면 된다. 중요한 것은 무언가를 망가뜨리는 것이 아니라 인간

이 순수한 기쁨을 얻을 수 있는 것을 건설하는 것이기 때문이다."

아이 교육도 마찬가지라고 생각한다. 사춘기가 되면 어김없이 나타나는 아이들의 행을 성장하는 특징으로 받아들여야 하는데 인정하지 않는 부분에서 충돌이 생기는 것이다.

친정엄마는 강원도 고성군 거진읍 송정리 시골에서 태어나 세 살 되던 해 거진면 역 앞으로 이사를 했고 어른들의 말씀을 통해 그곳에서 어린 시절을 보내며 자란 것으로 기억한다. 형제는 육남매였고 아버지는 면사무소 근무를 하며 공무원을 하셨다. 아버지 직장에 심부름을 하러 가면 아저씨들이 용돈을 줘서 역 앞에 가면 사탕을 사 먹었고 아기 때 모유를 못 먹어서 죽을 고비도 넘길 만큼 몸이 허약했다고 한다.

어려서 외할머니 댁에 가면 2-3개월씩 많은 시간을 보내며 감자도 캐고 감자를 강판에 갈아서 부쳐 먹기도 하며 여름 내내 할머니의 사랑을 누리며 자연과 더불어 즐겁게 지냈다. 그 당시 역 앞에 살다 보니 소련군이 고국으로 돌아가는 열차 위에서 군인 아저씨들이 소녀가 예쁘다고 건빵도 주고 예쁜 빨간 모자를 얻어서 집으로 온 기억이 있다고 했다.

엄마는 어린 시절 궁궐 같은 집에서 아홉 식구가 풍요롭게 삶을 누렸다. 큰 오빠는 철도 공무원이었고, 둘째 오빠는 학교 교감으로 재직하고, 셋째 오빠는 춘천 농고를 다녔다. 언니는 초등학교 재학 중이었고 동생은 나이가 어렸고 가끔 어린 조카가 오면 등에 업고 올케언니가 빨래를 하러 간 냇가까지 조카를 데리고 갔으며 흐르는 냇물에 발을 담그고 놀던 일도 가끔 있었다. 엄마가 재배한 콩나물을 오빠네 집에 갔다가 주려고 기차를 탔고, 그렇게 엄마의 유년 시절에는 그리움이 가득하다고 하신다.

친정엄마는 유년 시절 이야기를 수백 번도 넘게 말씀하신다. 외할머니가 일찍 돌아가셔서 엄마의 사랑을 많이 받지 못했던 엄마는 그렇게 지난 시절을 되새김질하며 나와 딸아이에게 들려주신다.

사춘기 시절에 엄마는 그렇게 무서운 아버지 밑에서 동생들을 돌보며 혼자 보내셨다고 한다. 문제가 문제인 줄도 모르고 정신없이 보냈다고 하신다. 요새 아이들은 환경이 좋아 사춘기를 논하는 것이지, 예전에는 전쟁통 가난에 먹고살기 바빠서 그렇게 아이들을 돌보지 못했다고 한탄하신다.

류시화의 『새는 날아가면서 뒤돌아보지 않는다』에는 이런 내용이 나온다.

"배가 열리기 원하지만, 사과가 열리는 경우는 허다하다. 삶에서 일어나는 대부분의 고통은 마음속에서 상상한 배와 현실의 사과가 일치하지 않을 때 일어난다. 누구에게나 일어나는 그 사건들을 우리는 즉각적으로 개인화시키고 감정을 투영한다. 일어난 일이 아니라 일어난 일에 대한 우리의 해석이 우리를 더 상처 입히는 것이다. 고통으로부터의 자유는 문제로부터의 해방이 아니라 문제를 더 복잡하게 만들지 않는 마음에서 온다.

밖에서 날아오는 화살은 피하거나 도망치면 그만이다. 그러나 자기 안에서 스스로에게 쏘는 화살은 피할 길이 없다. 정신에 가장 해로운 일이 '되새김'이다. 마음속의 되새김은 독화살과 같다. '문제를 느끼는 것은 좋다. 그러나 그 문제 때문에 쓰러지지는 말라.'라는 말이 있다. 첫 번째 화살을 맞는 것은 사실 큰일이 아니다. 그 화살은 우리의 선택에 달린 것이 아니기 때문이다. 첫 번째 화살 때문에 자신에게 두 번째 화살을 쏘는 것이 더 큰 일이다. 이 두 번째 화살을 피하는 것은 마음의 선택에 달려 있다. 외부의 일에 자신의 삶을 희생하지 않겠다는 강한 의지이다. 자신이 원치 않는 일들이 일어날 때마다 이것을 기억해야 한다.

'나는 나 자신에게 두 번째 화살을 쏠 것인가?'"

아이의 자존감을 높여줄 시간

우리 아이가 문제가 많은 것이 아니라 부모가 문제가 없는지 자신을 돌아봐야 한다는 것이다. 아이는 자아가 생기기 시작하면서 부모가 원하는 대로가 아닌 자신의 자존감을 높이기 위하여 준비 중인 것이다.

매일 치열한 나와의 싸움, 일상을 견디는 것이 일과라는 숙명을 안고 살아간다. 그 일과 속에서 아이들을 교육하고 사춘기를 같이 인정해야 하는 것이 아이의 문제만은 아니다. 누구나 똑같은 하루와 시간을 선물로 받지만, 매일 이 순간을 견디는 것이 이기는 것이기 때문에 살아간다는 것은 위대한 것이다.

'법륜 스님의 희망편지'에는 이런 내용이 나온다.

"우리가 뱀을 보고 두려워하는 것은 뱀이 나를 두렵게 만든 게 아닙니다. 뱀은 다만 그렇게 생겼을 뿐이고 그걸 보고 내가 두려워하는 것이지요. 두려움은 실제 있는 게 아니라 내가 두려워하는 상을 갖고 있기 때문입니다. 그것이 오랫동안 습관화되고 무의식의 세계에 잠재되어 있어서 그 상황에 부딪히면 나도 모르게 그런 마음이 일어나 버리는 것입니다. 괴로움이나 화, 짜증, 미움 등이 일어날 때 '이건 내가 지금 내가 만든 상에 사로잡히는 거야.' 이렇게 자각하는 훈련을 자꾸 해야 합니다."

마찬가지로 우리 아이 사춘기 문제도 사춘기를 보고 두려워하면 그것이 점점 더 나를 두렵게 만들게 되는 것 같다.

아이는 다만 그렇게 생겼을 뿐이고 그걸 보고 내가 두려워하는 것이다. 사춘기는 실제 있지만 내가 두려워하지 않는다면 좋은 상을 갖게 될 것이다. 그것이 오랫동안 습관화되고 무의식의 세계와 사춘기 아이에게 갇혀서 그 상황에 부딪히면 나도 모르게 괴로움에 빠져들게 되는 것이다. 아이와 정면으로 마주하고 괴로움이나 화, 짜증, 미움 등이 일어날 때 우리 아이는 문제가 없다고 자각하고 아무 일도 일어나지 않을 것이라는 훈련을 자꾸 한다면 아무 문제도 없을 것이다

비난을 받으면 누구나 불쾌해진다. 비난에서 창조적인 것은 절대 생겨나지 않는다. 인간은 누구나 잘못을 저지르지 않는 사람이 없다. 장점에만 주목하고, 장점만 키울 수 있도록 이끄는 것이 사춘기 자녀 교육과 인재 육성의 비결이다.

법륜 스님의 『엄마수업』에서 이런 내용이 나온다.

"사랑을 단계별로 크게 세 가지로 나누어 설명하고 있다.

첫째, 정성을 기울여서 보살펴주는 사랑이다.

아이가 어릴 때는 정성을 들여서 헌신적으로 보살펴주는 게 사랑이다

둘째, 사춘기 아이들에 대한 사랑은 간섭하고 싶은 마음, 즉 도와주고 싶은 마음을 억제하면서 지켜봐주는 사랑이다.

셋째, 성년이 되면 부모가 자기 마음을 억제해서 자식이 제 갈 길을 가도록 일절 관여하지 않는 냉정한 사랑이 필요하다."

그는 말한다.

"우리 엄마들은 헌신적인 사랑은 있는데, 지켜봐주는 사랑과 냉정한 사랑이 없다. 이런 까닭에 자녀 교육에 대부분 실패한다."

★ 문제 많은 아이 대처법은?

우리 아이를 믿어보자. 잘못을 저지르지 않는 사람은 없다.

장점에만 주목하고, 장점만 키울 수 있도록 이끄는 것이 사춘기

자녀 교육과 인재 육성의 비결이다.

6
전쟁 같은 사춘기가 무사히 지나갈까?

에디슨은 전깃불을 만들기 전에 만 번을 실패했다.
몇 번 실패했다고 용기를 잃어선 안 된다.
- 나폴레온 힐

지금 있는 그대로의 아이를 보자

나의 학창시절을 생각해보면 나는 사춘기를 잘 모르고 지나갔던 것 같다. 부모님에게 반항할 생각을 아예 못하고 하라는 대로 했던 것 같다. 옷도 엄마가 사주는 옷 그대로 입고 공부에 대한 나의 진로도 아빠가 원하는 대로 공무원 시험을 보고 공무원으로 재직했다. 평상시에도 공무원이 제일 안정적이라고 여자는 공무원이 최고라며 부모님은 내가 공무원이 되기를 바라셨다.

기시미 이치로의 『아들러 심리학을 읽는 밤』에는 이런 내용이 나온다.

"지금 있는 그대로의 자신을 받아들이라고 나온다. 자기수용 편을 보면 추하든 아름답든 시기를 받든 질투하든 언제나 있는 그대로의 당신으로 있어야 한다는 점을 이해해야 합니다. 그러나 있는 그대로 있기는 매우 어렵습니다. 왜냐하면 당신은 자신의 있는 그대로의 모습이 비열하다고 느끼고, 그걸 고상하게 바꾸기만 하면 멋있어질 것이라고 생각하기 때문입니다. 그러나 실상은 다릅니다. 당신이 있는 그대로의 모습을 발견하고 이해할 때 당신은 바뀔 수 있기 때문입니다."

내 아이도 마찬가지로 사춘기라는 괴물이 들어 있지만 있는 그대로 발견하고 이해할 때 아이와 내가 서로 편안하게 마주할 수 있다. 사춘기를 잠깐 방랑하는 시간이라고 생각하면 마음이 여유로워지지 않을까 한다.

조지프 캠벨의 『신화와 인생』에서 이런 내용이 나온다.

"'방랑하는 시간은 긍정적인 시간이다. 새로운 것도 생각하지 말고, 성취도 생각하지 말고, 하여간 그와 비슷한 것은 절대 생각하지 마라. 그냥 이런 생각만 하라."

"내가 어디에 가야 기분이 좋을까?'"

내 아이도 사춘기이지만 그 시간을 잠깐 방랑하는 긍정의 시간으로 여기면 좀 편해질 것이다.

나 아닌 다른 존재의 결을 이해한다는 건 정말 어려운 일이다. 『어린 왕자』에서도 세상에서 제일 어려운 것이 사람의 마음을 얻는 일이라고 했다. 아이를 내 마음대로 휘두르는 것이 아니라, 아이가 가진 고유한 빛을 향해 마음을 열어두어야 한다. 아이의 결을 이해한다는 것은 결코 쉬운 일이 아니다.

딸아이가 중학교에 입학하고 사춘기가 올 무렵 학교에서 수학여행을 떠났다. 조심하라는 당부와 함께 아이는 친구들과 관광버스에 오르며 나를 뒤로한 채 2박 3일 일정을 떠났다. 딸아이가 없는 집은 절간 같았다. 다음 날 뉴스에서는 연일 속보로 세월호 침몰 사건이 방송되고 있었다. 바다 위에 뒤집힌 배와 함께 헬기가 배 주변으로 날아다니고 구조를 요청하는 사람들이 바다 위에서 손을 흔들고 있었다.

사고를 접하면서 전화가 난리가 났다. 딸아이도 학교에서 배 타는 일정이 포함되어 있어서 딸아이와 통화를 하면서 안도하며 가슴을 쓸어내렸던 기억이 있다.

꽃이 진다고 그대를 잊은 적 없다

                    - 정호승

꽃이 진다고 그대를 잊은 적 없다

별이 진다고 그대를 잊은 적 없다

그대를 만나러 팽목항으로 가는 길에는 아직 길이 없고

그대를 만나러 기차를 타고 가는 길에는 아직 선로가 없어도

오늘도 그대를 만나러 간다

푸른 바다의 길이 하늘의 길이 된 그날

세상의 모든 수평선이 사라지고

바다의 모든 물고기들이 통곡하고

세상의 모든 등대가 사라져도

나는 그대가 걸어가던 수평선의 아름다움이 되어

그대가 밝히던 등대의 밝은 불빛이 되어

오늘도 그대를 만나러 간다

(중략)

팽목항의 갈매기들이 날지 못하고

팽목항의 등대마저 밤바다 꺼져가도

나는 오늘도 그대를 잊은 적 없다

봄이 가도 그대를 잊은 적 없고

별이 져도 그대를 잊은 적 없다.

- '세월호 1주년 정호승 시인의 추모 시'의 일부 중에서. 〈동아일보〉 2015. 04. 16.

TV 화면을 보면서 나는 계속 울었다. 자식을 가진 사람들이면 모두 울었을 것 같다. 배가 침몰하던 상황을 보면서 믿을 수 없는 현실에 안타까워 발을 동동 굴렀다. 자식이 살아만 있다면 하는 바람으로 구조요청을 기다렸을 텐데 마음이 너무 아팠다.

세월호 사건이 터지고 나서 아이가 수학여행에서 배 타는 일정이 전부 취소되었다고 전화가 왔다. 그 후로 우리나라 전체 중·고등학생들의 수학여행이 금지되었다.

사춘기 스트레스란

이동환의 『나의 슬기로운 감정생활』에는 이런 내용이 나온다.

"스트레스 의미는 몸과 마음이 편하지 않은 상태 즉 긴장된 상태라고 한다. 우리는 "불안해서 스트레스받아."라는 식으로 스트레스가 나쁜 감정의 '원인'이 아닌 '결과'인 것처럼 반대로 말하기도 한다. 이렇게 나쁜 감정이 먼저이고 그것 때문에 스트레스를 받는다고 말하는 것은, 스트레스와 나쁜 감정의 '원인'과 '결과'를 혼동한 데서 온다.

물론 일상생활에서 이러한 표현이 잘못되었다고 할 수는 없다.

그러나 스트레스를 연구하는 과학의 측면에서 보면 스트레스는 나쁜 감정의 '결과'가 아닌 '원인'이라고 보는 것이 타당하다. 결국, 스트레스 상황들은 걱정과 불안, 짜증과 분노, 슬픔과 좌절, 우울과 무기력 등의 나쁜 감정을 만들어낸다. 그러한 감정에 휩싸이면 누구든지 행동이 달라지고 건강이 악화된다."

문제는 스트레스 상황이 아니었다. 그 상황에 적응하지 못하는 자신의 내면이 문제였다. 스트레스 자체의 문제가 아니라 바로 적응과 반응이 문제이다.

부모가 아이들의 사춘기로 인한 반응에 대하여 스트레스 상황을 적절히 조절할 수 있다면 그 시기를 무사히 보낼 수 있을 것이다.

엄마 아빠의 사춘기 공부 실전연습

★ 아이와 대화가 안 돼요

사춘기를 건강하게 보낸 부모들의 대화법은 아이의 말을 '경청'하는 방법이다.

『어린 왕자』에서도 세상에서 제일 어려운 것이 사람의 마음을 얻는 일이라고 했다. 아이를 내 마음대로 휘두르는 것이 아니라, 아이가 가진 고유한 빛을 향해 마음을 열어두고 대화를 나눠야 한다.

7
이제 부모가 달라져야 한다!

꿈은 이루어진다. 이루어질 가능성이 없다면
애초에 자연이 우리를 꿈꾸게 하지도 않았을 것이다.
- 존 업다이크

사춘기 아이와 맞닥뜨리다

딸아이가 사춘기가 절정에 달했을 때 극도의 스트레스
를 받았다. 여전히 화장하고 치마 허리 부분을 접어 짧게 입는 모습을 보
면서 화가 났다. 초등학교 때에는 내가 만들어놓은 계획대로 움직이던
아이였는데 너무 낯설고 화가 났다. 아이에게 소리를 지르고 야단을 치
기도 했다.

그즈음 몸에 감기가 왔는데 일상적인 감기려니 생각하고 개인병원에
가서 진단받고 약 처방을 받았다. 하지만 낫지를 않았다. 열이 장기간 지

속되어서 타미플루를 먹었는데도 열이 떨어지지 않아서 집에서 계속 끙끙 앓고 있었다.

『미움받을 용기』의 저자 기시미 이치로는 말한다.

"나는 고민이 없다. 고민한다고 문제가 해결되는 것은 아니라는 사실을 알게 된 후부터는 고민할 필요가 없다고 생각하게 됐다."

그는 묻는다.

첫 번째, 고립되는 경우는 남의 눈을 신경쓰지 않는 경우가 있는가?
남과 비교하고 경쟁하는 일은 정신 건강을 해친다고 한다. 공부는 남보다 뛰어나려고 하는 게 아니라 지식을 얻으려고 하는 일이다. 아픈 사람이 건강해지려고 스스로 양생(養生)에 힘쓰는 것처럼, 남과 비교하지 말고 자신이 할 수 없었던 일을 할 수 있도록 스스로 노력하는 게 중요하다. 타인이란 나를 도와주는 '동료'라고 여길 때 고립될 일은 없지만, 남이 자신을 어떻게 생각할까 고민하며 남에게 맞춰 살기보다는 차라리 고립을 택하겠다고 한다.

두 번째, 마음은 수양(修養)과 실천의 문제인 것인가?

자신과 세계(타인)를 보는 관점을 바꾸는 것이 중요하다. 내가 맞닥뜨린 과제(課題)를 해결할 힘이 나에게 있고 남이 나를 어떻게 보는지는 '타인의 과제'일 뿐임을 이해하는 것이라고 전한다. 수양보다는 인식의 문제라고 저자는 말한다. 이를 실천한다면 배울 수 있다고 한다.

아들러 심리학에 관심을 갖게 된 계기도 설명해주었다. 육아(育兒) 때문에 25년 전 아들과 딸을 키우면서 아들러에 주목하게 됐다고 한다. 남들의 기대에 얽매이지 않고 자녀가 자신의 삶에 나름의 의미를 부여하며 행복하게 살아가도록 하는 데 아들러의 심리학 책은 깊은 통찰을 준다고 전한다.

부모가 스스로 느끼는 자녀에 대한 불안감은 스스로 만들어 내는 것이다. 부모가 달라져야 아이의 사춘기도 건강하게 극복할 수 있을 것이다. 자녀는 불안하지 않다. 건강하게 성장한다는 증거이다. 아이에 대한 집착을 버리고 바라본다면 부모의 불안한 마음도 조금은 덜 수 있을 것이다

사춘기가 괴물처럼 다가오다

내가 많이 아프고 힘들던 이유도 자식에 대한 욕심과 집착을 내려놓지 못하고 달라지지 않았기 때문이었던 것 같다. 아이에 대한 '화'라는 덩

어리가 계속 커지는 느낌이었다.

그날도 예전처럼 딸아이와 격하게 싸우기 시작했다. 딸아이를 죽이고 싶은 마음이 들 만큼 애착도 강한 나였다. 부엌에서 칼을 가지고 와서 딸아이에게 겁을 주었다.

"내가 너 죽이고 나도 죽을 테니까 어떻게 할래?"

딸아이는 소리를 지르며 대들면서 발버둥을 쳤다.

"엄마, 나는 이대로는 못 살아. 엄마가 뭔데? 도대체 왜 이러는 건데?"
"선택해! 엄마 말 듣던가, 나가던가!"
"그래, 내가 나갈게. 차라리!"
"나가!"

나는 소리를 고래고래 질렀다.

나는 딸아이의 모습을 견딜 수 없었다. 초등학교 때 고분고분 말 잘 들었던 모습은 온데간데없고 사춘기라는 괴물이 앞에 서 있었다. 나는 딸아이와 끝이 없는 싸움을 한 뒤에 쓰러졌고 곧바로 분당서울대병원 응급실로 실려갔다.

병원 응급실로 실려간 나는 의식이 없었다. 응급실에서 나는 코마 상태를 경험했다. 병원에서는 가족들에게 마음의 준비를 하라고 했다고 한다. 스트레스 때문인지 알 수 없는 바이러스 때문인지 모르지만 나는 그런 상태로 거의 하루를 보냈다. 딸아이는 엄마를 제자리로 돌려달라고 간절히 기도했다고 한다.

의식을 회복한 후 중환자실로 옮겨진 나는 기운이 없어서 귀로만 소리를 들었다. 죽음의 소리와 삶의 소리를 들으면서 불현듯 무섭다는 생각이 들었다. 가족도 면회시간에만 만날 수 있었다. 딸아이는 계속 나를 보면서 울었다. 또 하루가 지난 뒤에 집중치료실로 옮겨졌다. 24시간 몸 상태를 점검받고 있었다. 내가 가진 병명은 심근염이었다. 의사가 원인이 200가지가 넘는다고 설명해주었다. 원인을 알 수 없는 바이러스 때문에 시작된 심장의 통증은 나의 전체를 지배했던 것이다. 심장은 통증을 못 느낀다고 한다.

내가 기억하는 중환자실의 기억은 백색이다. 사람들이 웅성거리는 소리의 일렁임이 귀에서 맴돌았다. 수면 아래로 꺼져가는 나의 숨소리를 의사와 간호사가 들락거리며 체크하고 있었다. 기약 없는 중환자실에 누워 있었다. 커튼에 가로막힌 옆 침대에는 산사람과 죽은 사람이 들락날락거렸다. 공포감이 엄습했지만 정신이 혼미했다. 발자국 소리와 침대를 끄는 소리가 정적을 깬다. 낮도 아니고 밤도 아닌 공간에서 정확한 시간을 알 수 없다. 누워 있는 나를 들여다 볼 수 있는 시간일까? 날짜도 시간도 모른 채 누워 있다가 깨어나기 시작한 날이 오늘이다. 오늘부터 다시 날짜를 헤아리기 시작했다. 아이들에 대한 추억에 대하여 기억하고 있는 몸은 서서히 회복되기 시작하고 심장은 다시 뛰기 시작했다. 뇌리에 남아 있었던 선명한 섬광은 나에게 희망을 준 것일까? 아이들과의 희망은 서서히 나를 비추고 있었다. 아이들의 사춘기는 기다림의 영속성을 가지고 기다림을 더한다. 끊임없이 마음을 비우고 아이들을 기다려야 하는 기다림을 가지고 나는 다시 태어났다.

병실에서 가족들의 병간호를 받았다. 딸아이는 병원에 올 때도 화장을 하고 왔다. 나는 병중에도 스 모습을 보고 피식 웃음이 나왔다. 아이는 아이구나! 그리고 나 자신이 바뀌지 않으면 관계는 회복될 수 없다는 생각이 들었다. 그 후 열흘 정도 병원에서 치료받고 퇴원했다.

퇴원 후에 집에 와서 다시 일상으로 돌아갔다. 예전처럼 딸아이와 싸우지는 않았다. 딸아이는 기가 죽은 모습이었다. 나는 소리도 지르지 않고 아이에게 잔소리도 하지 않았다. 아이는 나의 눈치를 살피기 시작했다. 나는 달라진 모습으로 딸아이를 대하기 시작했다.

내가 병원에 가기 전과 퇴원 후 딸아이의 모습도 달라졌다. 나도 달라지기 시작하니 마음에 평화와 고요가 찾아온 것 같았다. 아이에 대한 욕심을 내려놓았다.

자식에 대한 집착에서 벗어나려고 나는 본격적으로 책을 읽기 시작했다. 책을 읽기 시작하니, 아이의 모습을 자주 보지 않게 되고 침묵하게 되어 말을 줄일 수 있었다. 내가 달라지기 시작하니 아이와의 관계가 서서히 회복되기 시작했다.

★ 꿈도 없고 공부에 대한 의지가 없어요

남과 비교하지 말고 아이가 자존감이 높아지도록 격려하고 인정해주는 것이 중요하다. 사소한 일에도 구체적으로 칭찬해주고 결과보다는 노력하는 부분을 격려해주는 것이 필요하다. 아이에 대한 집착을 버리고 바라보면 부모의 마음도 조금은 나아질 것이다.

둘째 시간

아이가
문제 행동을
하는
진짜 이유

1
사춘기, 어느 때보다 특별한 마법의 시간

아는 것은 안다고 하고 모르는 것은 모른다고 하라. 그것이 아는 것이니라.
- 『논어』 중에서

마법의 시간이 다가오다

버트런드 러셀의 『러셀 서양철학사』에는 이런 내용이 나

온다.

"성 아우구스티누스의 저술 가운데 순수철학에 속한 최고 작품 『고

백록』「구약성서」의 '창세기'편을 보면 시간 이론의 본질적인 요소는

세계는 왜 빨리 창조되지 않았을까? 그 까닭은 '더 빠른' 시간은 존재

하지 않기 때문이다.

세계가 창조되는 순간에 시간도 창조되었다. 신은 시간을 초월한

존재라는 의미에서 영원하다. 신 안에서는 이전과 이후가 없기 때문에 현재만 영원히 존재할 따름이다. 신의 영원성은 시간 관계에 구애받지 않는다. 신에게 모든 시간은 동시에 존재한다. 신이 자신의 시간 창조에 앞서 존재하지 못하는 까닭은 시간 창조에 앞서 존재할 경우 신이 시간 속에 존재한다는 뜻일 텐데, 사실 신은 시간 흐름 밖에서 영원히 존재하기 때문이다. 이러한 생각이 성 아우구스티누스를 정말 감탄이 나올 만큼 상대적인 시간 이론으로 이끌었다."

사춘기가 찾아온 중1 딸아이도 예외가 아니었다. 마법처럼 찾아온 사춘기는 아이를 마구 이리저리 흔드는 것 같았다. 화장에 대한 집착을 놓지 못한 딸아이는 집에서만 벗어나면 화장을 했다. 센 아이로 보여야 아이들이 무시하지 않기 때문에 화장해야 한다고 고집했다.

여드름이 난 얼굴에 리퀴드 파운데이션을 바르고 입술에는 붉은 틴트를 바르고 눈썹도 그리고 앞머리에 헤어롤을 말고 등교했다. 교문에 들어서기 직전 헤어롤을 풀고 교복치마 허리 부분을 펴고 복장이 걸리지 않게 통과하고 교실에 들어갔다.

다시, 버트런드 러셀의 『러셀 서양철학사』의 내용을 들여다보면 이런 이야기가 있다.

"『고백록』11권 20장 구절에서 아우구스티누스는 "그러면 시간이란 무엇인가?"라고 묻는다. 오로지 현재를 제외하고는 과거도 미래도 실재하지 않는다고 말한다. 현재는 순간에 지나지 않으며, 시간은 오로지 지나가는 동안 측정될 따름이다. 그런데도 과거 시간과 미래 시간은 실재한다. '과거'는 기억과 동일시하고, '미래'는 기대와 동일시할 수밖에 없으며, 기억과 기대는 둘 다 틀림없이 현재에 속한 사실들이다. 그는 세 가지 시간, 곧 '과거에 일어난 일들의 현재, 지금 일어나고 있는 일들의 현재, 그리고 미래에 일어날 일들의 현재'가 존재한다고 말한다."

"과거에 일어난 일들의 현재는 기억이고, 지금 일어나고 있는 일들의 현재는 눈 앞에 펼쳐지는 일이며, 미래에 일어날 일들의 현재는 기대이다."

등교하면서 화장하고 학교에서 하교하면서 화장을 지웠다. 어느 날 남편이 오후에 집에 들어오는 주차장에서 딸아이를 발견하고 쫓아갔다. 딸은 소스라치게 놀라며 화장을 한 모습 때문에 혼날까 봐 도망치기 시작했다. 짧은 치마와 화장한 얼굴을 감추며 물티슈로 지워가면서 숨어 있었다. 차와 차 사이에 숨어 있다가 남편과 숨바꼭질을 했다. 두리번거리던 남편은 딸을 찾지 못하고 허탕을 치며 아파트 계단을 올랐다. 딸은 집

근처에서 숨어다니면서 화장을 거의 다 지웠다. 집으로 돌아온 딸을 보며 남편은 크게 혼을 내며 화장하지 말고 교복 짧게 입지 말라는 훈계를 했다. 딸이 가지고 있던 화장품 파우치도 전부 빼앗았다.

초등학교 시절의 떠올리며 나는 몰래 숨어서 딸아이의 초등학교 일기장을 다시 펼쳐 보았다.

> **큰아이 일기장의 한 페이지**
>
> 2011년 6월 11일 목요일 날씨 맑음이다.
> 학교에서 부모님 어깨 주물러 드리기 숙제가 있었다. 그래서 저녁에 아빠 엄마 어깨를 주물러 드렸다. 팔은 좀 아팠지만 뿌듯했다.
> 학교가 끝나고 집에 왔는데 엄마가 방앗간에 다녀오신다고 해서 잠깐 집을 동생과 함께 보았다. 저녁에 밥을 먹고 수련장을 풀었다. 아빠는 크리스털이라는 보석은 먼지가 쌓이면 닦아 주어야 한다고 말씀하셨다. 내일은 내 동생 생일이다. 정말 기대된다.

거의 모든 아이가 사춘기라는 과정을 겪는다. 마법에 걸린 것처럼 이전과는 다른 행동을 많이 하지만 크리스털처럼 먼지가 쌓이지 않게 닦아주고 정성을 더하면 보석처럼 빛나는 존재가 될 것이다.

아이들이 어렸을 때 내가 지어준 동시이다.

사계절

까치 발자국 넘어
아지랑이 발소리 듣고 자란다
봄이다

나비 날갯짓 넘어
태풍 발소리 듣고 자란다
여름이다

매미 울음소리 넘어
단풍 발소리 듣고 자란다
가을이다

은행나무 잎 넘어

눈이 뽀드득대는 발소리 듣고 자란다

겨울이다

그리고

나는 엄마의 '사랑해'를 듣고 자란다

시간의 소중함에 대하여 이야기하다

초등학교 시절엔 아이들에게 신화 이야기를 하면서 아이에게 시간과
기회에 대한 설명을 해주었다. 큰아이와 작은아이는 호기심 가득한 눈을
반짝거리며 들었다. '크로노스'와 '카이로스'에 대한 것이었다. 헬라어⁽그
리스어⁾로 시간을 의미하는 단어는 두 개이다. 하나는 '크로노스'이고 다른
하나는 '카이로스'이다.

크로노스는 그리스의 철학에서 시간을 의미하는 단어로 그 자체가 시
간이라는 뜻이며, 그리스 신화에 나오는 태초신 중 하나이다. 일반적인
시간을 의미한다. 자연적으로 해가 뜨고 지는 시간이며. 지구의 공전과
자전을 통해 결정되는 시간을 말한다. 태어나고 늙고 병들고 죽는 생로
병사의 시간이다. 그러므로 사회적, 일반적으로 흔히 말하는 시간 관리
를 잘한다는 것은 크로노스의 시간을 의미하는 것이다.

한편 카이로스는 그리스 신화의 제우스 신의 아들이며 기회의 신이라 불렸다. 카이로스는 의식적이고 주관적인 시간, 순간의 선택이 인생을 좌우하는 기회의 시간이며, 결단의 시간이다. 누구에게나 공평하게 주어지는 시간이지만, 사람들은 각각 다른 시간을 살아간다. 똑같은 24시간을 살더라도 각 사람이 느끼는 24시간의 속도는 다르다. 원하지 않는 일을 억지로 하는 사람의 한 시간과 자기가 하고 싶어 하는 일을 하는 이의 한 시간의 느낌은 차이가 있을 것이다.

성장하는 과정에서 대부분 아이에게 찾아오는 마법 같은 사춘기는 남자아이도 여자아이도 예외 없이 마주한다. 어떤 학부모들은 우리 아이가 순해서 사춘기가 없다고 이야기한다. 사춘기는 아이들이 성장하는 과정에서 자연스러운 과정이다. 사춘기를 가족 모두 자연스럽게 받아들인다면 건강한 사춘기를 보낼 수 있을 것이다

더없이 행복한 순간이든, 너무나 힘들고 고통스러운 순간이든 일상적으로 흐르는 시간을 벗어나 특별한 의미가 있는 순간, 그 시간은 카이로스가 되는 것이다. 끊임없이 흐르는 크로노스의 시간은 관리할 수 없지만, 카이로스의 시간은 마음먹기에 따라 달라질 수 있다.

"내 앞머리가 무성한 이유는 사람들이 나를 봤을 때 금방 알아차리

지 못하게 함이고, 또 한 나를 발견했을 때에는 쉽게 붙잡을 수 있도록 하기 위함이고, 뒷머리가 대머리인 이유는 내가 지나가면 사람들이 다시는 붙잡지 못하도록 하기 위함이며, 어깨와 발뒤축에 각각 크고 작은 날개가 달린 이유는 최대한 빨리 사라지기 위함이다. 왼손에 들고 있는 저울은 앞에 있을 때 옳고 그름을 분별하고 판단하기 위함이고 오른손에 잡은 칼은 옳다고 판단할 때 주저 없이 결단할 것을 촉구하기 위함이다. 나의 이름은 '기회'이다."

엄마 아빠의 사춘기 공부 실전연습

★ 아이가 감정기복이 심해요

사춘기 때 감정기복은 아이들이 성장하는 과정에서 겪는 자연스러운 것이다. 그때 부모가 같이 감정적으로 대응하면 안 된다. 아이의 감정이 가라앉았을 때 아이의 고민과 반응을 나누는 것이 중요하다.

2
아이의 문제에는 정해진 규칙과 답이 없다

걱정 없는 인생을 바라지 말고, 걱정에 물들지 않는 연습을 하라.
- 알랭

아이를 용서할 시간

작은아이가 초등학교 시절 저학년 때 내가 외출을 할 일이 있어서 문제집을 풀어놓으라고 시켜놓고 나왔다. 아이는 알겠다고 하고 내가 나가는 것을 보며 좋아했다. 틀림없이 해놓겠다고 다짐을 했다. 한참 뒤에 내가 일을 보고 집으로 돌아와서 문제집을 확인했다.

객관식은 번호를 고르면 되니까 별 문제가 없었는데 주관식 답안에 답이 '풀이 참조'라고 쓰여 있었다. 나는 웃음을 참지 못하고 사진을 찍어서 남편에게 보냈다. 남편은 박장대소하며 웃었다. 가까운 지인들에게 이야기하며 한참을 웃었다고 한다.

아이는 영문도 모른 채 입을 내밀고 있었다.

"너 답안지 보고 베꼈니?"
"아니요."
"풀이 참조가 뭐야?"
"⋯⋯."

아이는 대답을 하지 못했다. 웃음이 나오는 걸 참고 응대해주었다. 아이는 어쩔 줄 몰라 하며 정말 문제 푸는 게 싫어서 답안지를 베꼈다고 실토했다. '풀이 참조'가 답인 줄 알고 똑같이 쓴 것이다. 내 눈치를 보더니 잘못했다고 하면서 용서를 구했다.

전 경북대 총장 박찬석 님의 일화를 소개한다.

"전교 68명 중 68등이었다. 지금도 비교적 가난한 곳이다. 그러나 아버지는 가정형편도 안되고 머리도 안 되는 나를 대구로 유학을 보냈다. 대구 중학교를 다녔는데 공부가 하기 싫었다. 1학년 8반, 석차는 68/68, 꼴찌를 했다. 부끄러운 성적표를 가지고 고향에 가는 어린 마음에도 그 성적을 내밀 자신이 없었다. 당신이 교육을 받지 못한 한을 자식을 통해 풀고자 했는데, 꼴찌라니⋯.

끼니를 제대로 잇지 못하는 소작농이면서도 아들을 중학교에 보낼 생각을 한 아버지를 떠올리면 그냥 있을 수 없었다. 그래서 잉크로 기록된 성적표를 1/68로 고쳐 아버지께 보여드렸다. 아버지는 보통학교도 다니지 않았으므로 내가 1등으로 고친 성적표를 알아차리지 못할 것으로 생각했다. 대구로 유학한 아들이 집으로 왔으니 친지들이 몰려와 물었다.

"찬석이는 공부를 잘했더냐?"

"앞으로 봐야제. 이번에는 어쩌다 1등을 했는가베…."

"명순(아버지)이는 자식 하나는 잘 뒀어. 1등을 했으면 책거리를 해야제."

당시 우리 집은 동네에서 가장 가난한 살림이었다. 이튿날 강에서 멱을 감고 돌아오니, 아버지는 한 마리뿐인 돼지를 잡아 동네 사람들을 모아 놓고 잔치를 하고 있었다. 그 돼지는 우리 집 재산목록 1호였다. 기가 막힌 일이 벌어진 것이다. "아부지…." 하고 불렀지만, 다음 말을 할 수 없었다. 그리고 달려나갔다. 그 뒤로 나를 부르는 소리가 들렸다.

겁이 난 나는 강으로 가 죽어버리고 싶은 마음에 물속에서 숨을 안 쉬고 버티기도 했고, 주먹으로 내 머리를 내리치기도 했다. 충격적인 그 사건 이후 나는 달라졌다. 항상 그 일이 머리에 맴돌고 있었기 때문이다. 그로부터 17년 후 나는 대학교수가 되었다. 그리고 아들이 중학교에 입학했을 때, 그러니까 내 나이 45세가 되던 어느 날, 부모님 앞에 33년 전의 일을 사과하기 위해 "어무이 저 중학교 1학년 때 1등은요…." 하고 말을 시작하려고 하는데, 옆에서 담배를 피우시던 아버지가 "알고 있었다. 그만해라. 민우(손자)가 듣는다."라고 하셨다. 자식의 위조한 성적을 알고도, 재산목록 1호인 돼지를 잡아 잔치를 하신 부모님 마음을, 박사이고 교수이고 대학 총장인 나는, 아직도 감히 알 수가 없다."

경북대 총장님의 일화를 접하고 나서 나는 뒤통수를 얻어맞는 것 같았다. 아이가 실수나 잘못을 하면 눈에 불을 켜고 이 잡듯이 잡아내 달달 볶았던 나 자신이 너무나 부끄러웠다. 사춘기가 되니 아이가 거짓말을 자주 한다. 사춘기의 특징이라고 한다. 거짓말이 들통 나면 나는 용서가 되지 않아 아이를 앉혀놓고 이유를 꼭 캐묻고 짚고 넘어갔다. 아이의 특성대로 방향을 잡아주어야 하는데 다른 아이의 잣대를 놓고 거기에 맞추려고 했던 나를 반성하게 되는 글이다.

인간관계가 어려운 것은 사람과의 관계에서 상처를 받기 때문이다. 그리고 상처를 제일 많이 주는 사람은 가족이다. 상처를 주는 사람은 정해져 있지 않다. 아빠, 엄마, 남편, 아내, 형제, 자매, 동생, 직장동료, 친구, 내 자식일 수 있다. 돌아보면 나도 자식에게 상처를 준 것 같아 미안하고 부끄럽다.

마음속 아이에 대한 미움이 사라질까?

아이를 미워하는 것도 내 생각에 사로잡혀 내가 옳다고 생각하는 데서 비롯된 것이다. 아이의 입장이나 관점을 이해하지 않고 무조건 내 생각대로 안 되니까 아이를 미워했다. 아이의 처지에서 보면 답답함이 없어지고 마음속에 미움이 사라진다.

당신은 아이와 잘해낼 것이다. 아이가 겪고 있는 부당한 상황에 공감하며 아이의 문제에 대하여 신경을 쓰고 있다는 것을 알게 해주면 된다. 당신이 얼마나 든든한 지원군이 될 수 있는지 보여줄 수 있다.

일단 아이와 충돌이 일어나면 아이에게 휘둘리지 말고 능동적으로 대처해야 한다. 상황을 주도하지 못하고 아이에게 휘둘리면 능동적으로 대처할 수 없게 된다. 아이는 정해진 규칙이나 답에 대해 신경을 쓰기보다는 자신의 감정에 충실해서 의견충돌을 일으키는 것이다. 그러나 부모가 능동적으로 침착하게 대처하면 소신껏 행동하고 말할 수 있게 된다. 감정이 아니라 이성을 따라야 한다.

자아가 강한 아이들은 자신들이 원하는 삶의 방식대로 밀고 나가려고 한다. 주변의 말에 귀를 기울이기보다는 뭐든지 자기 맘대로 하려고 든다. 목표를 지향하는 성격이 강하기 때문에 다른 사람은 안중에 두지 않고 자신 위주로 자신의 목적만 중시한다. 이런 아이들은 억지로 떼를 써서 목적을 이루려고 하는 경향이 강하다. 울거나 성질을 부린다면 들어주는 경향이 있으므로 그러한 점을 이용하는 것이다. 이때 부모는 아이에게 부모의 역할을 강하게 인지시켜주고 각인해주면 된다. 뭐든 아이 마음대로 해주는 것이 아니고 집안에 정해진 규칙이나 방침을 정하거나 학교생활에서도 정해진 규칙과 방침에 따르도록 가르쳐줘야 한다.

아이가 사춘기를 겪으면서 거짓말을 하기 시작한다. 10대의 거짓말에는 악의가 깔려 있지 않다. 사실과 거짓말을 섞어서 하나의 거짓말을 만들어낸다. 아이가 악의를 가지고 있든 없든, 가정에서 엄격하게 교육한다고 해도 아이는 거짓말을 한다.

거짓말을 하지 않는 완벽한 어른이 없듯이 거짓말을 하지 않는 완벽한 아이는 없다.

작은아이는 중2 때 수학과 영어학원에 다녔다. 수업이 끝나갈 즈음 학원에서 방학특강으로 숙제를 다 못한 사람만 남겨 보충수업을 실시한다고 했다. 아이와 전화통화를 끝낸 후에 학원 선생님에게 확인 문자를 보냈다. 학원 선생님은 수업이 정시에 끝났고 보충수업은 실시하지 않는다는 답문을 주셨다. 작은아이가 들어올 때까지 기다렸다. 아이는 태연하게 학원 보강이 끝나는 시간에 맞춰 들어왔다. 어이가 없었지만 참고 있다가 물어봤다.

"너 학원에서 온 거 맞아?"

정색하며 아이는 학원에서 보강 마치고 온 거라고 잡아뗐다. 선생님이 보낸 문자를 보여주었더니 그제야 죄송하다며 친구들과 피시방에 가고 싶어서 엄마에게 거짓말한 것이라고 실토했다. 거짓말해서 정말 죄송하다고 하는데 용서해줄 수밖에 없었다.

★ 아이의 문제에는 정해진 규칙과 답이 없을까?

사춘기가 시작되면 아이는 거짓말을 시작한다. 10대의 거짓말에는 악의가 깔려 있지는 않다. 사실과 거짓말을 섞어서 하나의 거짓말을 만들어낸다. 아이가 악의를 가지고 있든 없든, 가정에서 엄격하게 교육한다고 해도 아이는 거짓말을 한다.

거짓말을 하지 않는 완벽한 어른이 없듯이 거짓말을 하지 않는 완벽한 아이는 없다.

3
아이가 가장 힘들어하는 문제가 무엇일까?

죽음은 하나의 도전이다. 그것은 우리에게 시간을 낭비하지 말라고 말한다.
그것은 우리에게 지금 당장 서로 사랑한다고 말하라고 가르친다.
- 잭 캔필드·마크 빅터 한센의 『마음을 열어주는 101가지 이야기』중에서

꿈이 있는 아이가 좋다

나는 고등학교 시절 배우를 꿈꾸었다. 연극영화과를 준비하면서 대사도 읽어보고 팬터마임도 했다. 우연히 친구와 함께 〈코요테 어글리(COYOTE UGLY)〉 영화를 보게 되었다. 그 영화는 2000년에 제작된 데이비드 맥낼리 감독의 미국 영화로 '남자들의 밤을 지배하는 다섯 명의 여자 이야기'라고 서두에 설명되어 있다.

21살의 바이올렛(Violet)은 빼어난 미모만큼이나 목소리가 아름답다. 그녀의 꿈은 송라이터가 되는 것. 아버지의 만류에도 불구하고 뉴욕으로

떠난 바이올렛은 자신이 만든 곡을 들고 음반사를 찾아다닌다. 그러나 음반사의 반응은 냉담하기만 하다. 용기를 잃어갈 무렵 바이올렛은 여러 명의 미녀가 바텐더로 일하는 '코요테 어글리'란 바를 발견한다.

마련해온 돈이 바닥나고 앞날이 막막해진 바이올렛은 일자리를 찾아 코요테 어글리를 찾아간다. 코요테 어글리의 주인 릴(Lil)은 바이올렛에 게 오디션 기회를 준다. 그러나 바텐더 경험이 없는 바이올렛은 손님들이 보는 앞에서 실수를 연발한다. 노련한 바텐더 캐미(Cammie)와 레이첼 (Rachel)의 현란한 쇼 앞에서 주눅이 든 바이올렛은 코요테 어글리를 떠나려 한다.

그러나 싸움에 휘말린 취객을 노련하게 다루는 바이올렛의 솜씨에 감탄한 릴은 바이올렛에게 바텐더 일자리를 맡긴다. 송라이터의 꿈을 떨치지 못하는 바이올렛은 자신이 만든 노래를 직접 발표할 수 있는 기회를 찾아 나선다. 그러나 무대 공포증이 있는 그녀는 결정적인 순간마다 도망치듯 달아난다. 그 무렵 바이올렛은 요리사인 케빈(Kevin O'Donnell)을 만난다. 순수한 마음씨의 케빈은 그녀에게 각별한 관심과 애정으로 용기를 심어준다. 한편 코요테 어글리의 인기는 하늘을 찌를 듯 솟아오른다. 경찰과 소방서 직원이 찾아와서 자제를 요청할 정도이다. 한편 코요테 어글리의 규정을 어기고 업소에 남자 친구인 케빈을 불러들였다는 이유로 바이올렛은 릴에게 크게 질타당한다. 분개하여 코요테 어글리를 박차고 나온 바이올렛은 이제 모든 미련을 떨쳐버리고 오직 작곡가의 꿈을 향한 집념을 불태운다.

케빈은 바이올렛에게 그녀가 만든 노래를 직접 불러볼 수 있는 곳을 소개해준다. 그동안 무대에만 서면 떨려서 도망치던 바이올렛은 가수의 꿈을 이루지 못한 채 운명한 어머니의 아픈 기억을 떠올리며 무대에 올라서는데… 결말은 우리가 바라는 해피엔딩이다. 한 여성이 성공한 이야기이다.

'어글리(Ugly)'는 못생기고 추한 것을 의미하지만 영화는 긍정적으로 새롭게 다시 태어나는 과정을 보여준 것이다. 자신의 힘으로 성공하는 모습을 보여준 여주인공을 보면서 새로운 에너지를 받는 느낌이었다. 아이들이 지금은 사춘기를 보내는 시기라서 충동적으로 행동하지만, 자신의 행동 때문에 엄마와 아빠가 실망하면 죄의식과 불편함을 느끼다가 시간이 지나고 철이 들면 바르게 행동한다.

자식 교육이란 무엇일까?

자식 교육에는 장사가 없다. 조선 유학의 큰 스승 퇴계 이황(李滉: 1501~1570)선생이 지었다고 전해지는 시만 봐도 알 수 있다. 부모들은 자식에게 많은 것을 가르치려 들고, 공부하지 않는다고 회초리로 때리기도 하며, 생각대로 안 되면 바보니 멍청이니 자식을 혼내려 든다. 그렇게 하지 않으려 해도 몸이 말을 듣지 않는다. 퇴계는 다 소용없는 짓이라고 못을 박는다. 많이 가르치려는 것은 곡식을 빨리 자라게 하려고 싹을 쑥 뽑아 올리는 것과 같아, 그냥 놔두면 잘 자랄 가능성을 없앤다. 회초리보다는 크게 칭찬하는 것이 훨씬 효과가 좋다. 최악의 상황은 자식에게 수시로 분노하며 바보 천지라고 욕하는 일이다.

중학생 때 아이들의 최대 관심사는 외모, 친구, 부모 가족, 학업, 미래 등이다. 스마트폰이 없으면 안 되는 아이들은 친구들과 카카오톡, 인스타그램, 페이스북 메신저, 트위터로 소통을 한다.

딸아이도 예외가 아니었다. 인터넷 소설이 유행했고, 꼬리빗과 앞머리 헤어롤이 유행이었다. 화장을 해야 하는 이유, 교복 치마 길이를 줄이지 않으면 안 되는 이유는 많았다. 남자아이들은 교복 통을 줄이는 게 유행이었다. 친구들과 동질감을 느끼기 위하여 등골을 휘게 한다는 메이커 가방과 옷, 화장품도 있었다.

하루를 보내면서도 감정 기복이 심하고 친구와의 관계를 더 중시한다. 지금은 보이는 곳에서 친구를 왕따시키는 것이 아니라 스마트폰으로 한다. 이런 불안감 속에서 아이들은 아이들대로 고통을 토로한다. 친구에게서 멀어질 것 같은 불안감 때문에 속을 끓이는 아이들도 많다.

딸아이는 남편과 내가 화장품을 몇 번 뺏었더니 포기를 하는 듯했다. 소통하지 않고 무조건 막으려고만 하는 부모 앞에서 딸아이도 말문을 닫았다. 나중에 아이가 실토하기를 컴퓨터용 사인펜으로 아이라이너를 대신했고 빨간색 펜으로 입술도 칠해보았다고 한다. 말도 안 되는 해로운 물건을 화장품을 대신해 썼다니 아찔했다. 그렇게 화장을 하지 않으면 아이들에게 무시당하는 것 같아 화장에 집착했다고 한다.

딸아이가 사춘기를 겪을 당시에는 몰랐던 사실을 들으면서 아이의 마음을 살피지 않고 누르려고만 했던 나 자신이 창피했다. 이제는 대학생이 된 딸아이에게 사과했지만, 마음 한구석은 여전히 갑갑하다. 엄마도 부모교육 제대로 받지 못했고 마음을 살피지 못했다고 이야기했다.

아이들의 세계에서도 돈을 쓰거나 예쁘거나 특정한 뭔가가 있어야 인정해주는 것 같아서 딸아이는 더 집착하고 화장을 하려 했었다고 대학생이 된 지금은 웃으면서 이야기한다. 제대로 자존감이 형성되지 않았기 때문에 친구들을 외모로 판단하고 돈을 잘 쓰는 아이를 따랐다고 한다.

화장품을 빼앗긴 딸아이는 친구들에게 화장품을 빌려 쓰다가 왕따를 당했다고 이야기한다. 빌려 쓸 때는 몰랐는데 나중에 앞에서는 친절하게 잘해주는 척을 하다가 본인이 없는 데서 엄청나게 욕을 한다는 것을 알았다고 한다. 마음의 상처를 친구들과 부모에게 받은 아이는 자살 생각도 많이 했다고 한다.

사춘기 시절엔 외모 콤플렉스, 학업에 대한 압박, 교우 관계, 미래에 대한 불안 등 때문에 소통하지 않는 가족이라면 아이는 혼자 삭히거나 친구와 고민을 이야기한다.

특히, 대화가 단절된 가족이라면 아이는 설 자리를 잃어버리는 것이다. 설 자리를 잃어버린 아이는 밖으로 겉돌면 가족에 대한 상실감 때문에 더 방황하게 된다.

엄마 아빠의 사춘기 공부 실전연습

★ 아이가 가장 힘겹게 느끼는 문제가 무엇일까?

부모가 바라는 것을 아이에게 투영시키는 것은 바람직하지 않다. 사춘기가 되면 정체성에 혼란이 오기 때문에 회초리보다는 크게 칭찬하는 것이 훨씬 효과가 좋다. 최악의 상황은 자식에게 수시로 분노하며 바보 천지라고 욕하는 일이다.

4
먼저 부모와 아이와의 관계부터 돌아보자

마음이 편안하면 아무리 초가집에 살고 있어도 편안하고,
성품이 안정되면 나물국을 먹어도 오히려 향기가 난다.
- 『명심보감』 중에서

사춘기는 아이를 규정하면 안 되는 시간이다

정호승 시인의 『우리가 어느 별에서』에는 이런 내용이
나온다.

"고통은 신이 인간을 사랑하는 방법이다. 자연 상태에서 사는 금붕
어는 1만여 개의 알을 낳고, 어항 속에 사는 금붕어는 3-4천 개의 알
밖에 낳지 못한다. 왜 그럴까? 그것은 바로 어항이 고통이라는 자연
법칙의 진리를 제공하지 않기 때문이다. 만일 고통이라는 밥과 상처
라는 국을 먹지 못한다면 나는 가을날 서리 맞은 들풀처럼 시들어 버

리고 말 것이다. 위의 글처럼 사춘기라는 틀을 만들어 놓고 아이를 규정 지으면 안 된다."

어렸을 적, 작은아이는 차에 대한 욕심이 많았다. 바퀴가 달린 기계나 차에 대해서 호기심이 왕성해서 신기하기도 했다. 진로를 생각할 만큼 남편과 나는 진지했다. 하루는 대형할인점에 작은아이를 데리고 갔다. 카트를 끌고 장을 보는데 작은아이는 역시 자동차 장난감 앞에서 떠나지 못하고 구경하고 있었다. 이것저것 사달라고 조르는 아이 앞에서 사람은 자기가 가지고 싶은 것을 다 가질 수 없다고 설명하면서 자리를 옮기려고 했다. 아이는 갑자기 떼를 쓰면서 울기 시작했다. 달래고 설명해도 소용이 없었다. 지나가는 사람들이 힐끗힐끗 쳐다보고 인상을 쓰는 사람도 있었다. 시간이 지나도 아이가 말을 듣지 않자 아이를 내버려둔 채 나만 아이가 보이는 곳으로 이동했다. 아이는 울음을 그치지 않고 바닥에 드러누운 채 발버둥을 치며 온몸으로 울었다.

멀리서 바라본 작은아이는 엉망진창이었다. 얼굴은 눈물범벅이고 목소리에서는 쉰 소리가 나서 꺽꺽거리고 있었다. 마트 직원이 놀라서 다가오는 것이 보였다. 나는 마트 직원을 저지하며 내가 엄마라고 설명한 후에 잠깐 기다려달라고 부탁했다. 얼굴이 화끈거렸지만 울음을 그친 아이는 두리번거리기 시작했다. 갑자기 조용해진 아이가 나를 찾는 것이 보였다. 그제야 나는 아이에게 가서 다 울었냐고 물어보았다. 아이는 슬픈 눈으로 고개를 끄덕거렸다. 손을 잡고 상황을 다시 설명해준 후에 아이스크림을 사주며 아이를 데리고 마트를 나섰다. 사달라는 대로 해달라는 대로 해주면 안 되는 이유를 집에 돌아와서도 말해주었더니 그제야 이해했다.

아이가 화장하는 사춘기가 오다

딸아이가 학교에서 하교하고 특기 · 적성 활동을 마친 후에 귀가하던 날이었다. 그날도 어김없이 얼굴에 풀 메이크업이 되어 있었다. 나는 조마조마했다. 남편이 아이가 화장하는 모습을 싫어해서 사춘기와 화장과의 전쟁이었다.

"여학생이 화장을 하는 게 지금 맞는 이야기야? 화장을 하지 않아도 예쁜데 화장을 왜 하는지 모르겠어."

용납되지 않는 여자아이들의 화장에 대하여 남편은 혐오에 가까운 발언을 했다. 화장할 시간에 단어를 하나 더 외우라고 하면서 딸아이를 보면 늘 충고를 했다.

그날은 외출을 마치고 돌아와서 같이 식사를 하는 중이었다. 딸아이에게 화장을 지우라고 했는데 지울 틈도 없이 남편이 뒤따라 퇴근했다. 아이의 얼굴을 보더니 인상을 썼다. 딸아이는 가방만 내려놓고 손을 씻은 다음 화장은 지우지도 않고 밥상 앞에 아빠를 마주 보고 앉았다. 텔레비전을 보겠다는 남편의 부탁에 식탁이 아니라 거실 텔레비전 앞에 앉아서 먹게 되었다. 둥그런 밥상을 놓고 앉아 있는데 남편의 표정이 심상치 않았다.

남편이 화장에 대한 부정적인 이야기를 시작했다. 좋게 타이르려고 했는데 딸아이의 반응이 만만치 않았다. 꼬박꼬박 말대답을 했다. 사춘기라고 생각하면서 이해하려고 해도 아슬아슬하기만 했다. 밥상 앞에서 아빠와 딸이 하는 대화가 살벌했다. 갑자기 남편이 소리를 버럭 질렀다. 딸아이도 수그러들 기세가 아니었다. 나는 그만하라고 소리쳤다. 말리려고 하는 순간 밥상이 뒤집히더니 남편이 손을 올렸다. 딸아이의 뺨을 손바닥으로 강하게 쳤다. 거실은 아수라장이 되고 찌개와 밥과 김치가 엎어지면서 김치를 담았던 유리그릇이 공중으로 솟구쳤다. 바닥으로 떨어진 유리그릇이 산산조각이 나면서 깨졌다.

나는 딸과 남편 사이에 서서 덜덜 떨고 있었다. 남편이 아이를 더 때릴까 봐 몸으로 막아섰다. 남편은 난장판이 된 바닥에 있던 조각난 유리에 살을 베었다. 엄지발가락 옆에서 피가 많이 흐르고 있었다. 피를 보니 놀라서 나는 응급실로 가자고 손을 잡았다. 남편이 내 손을 뿌리치며 아랑 곳하지 않고 딸아이를 더 때릴 기세였다. 나는 그만하라고 소리쳤다. 발이 다쳤으니 병원에 가야 한다고 하면서 설명했지만, 남편은 막무가내로 병원에 안 가도 된다고 했다.

거실에 서 있던 딸아이의 뺨은 벌개져 있었고, 눈을 부릅뜨며 씩씩거리고 있었다. 더는 내가 둘을 가만두지 않겠다며 둘 사이를 중재하느라 정신없는 틈에 작은아이가 학원을 마치고 현관문을 열고 들어왔다. 작은 아이는 눈이 휘둥그레지며 놀란 입을 다물지 못했다. 자초지종을 설명할 사이도 없이 딸아이와 작은아이의 손을 잡고 현관문을 열고 나왔다. 병원에 가지 않겠다는 남편을 뒤로하고 피가 멈추지 않는 남편의 발을 보며 약국으로 향했다. 고집을 피우는 남편은 지혈제만 있으면 된다고 호들갑 떨지 말고 약만 사 오면 된다고 했다. 시내로 나가 약국이 닫히기 직전에 간신히 지혈제와 붕대를 사면서 가슴을 쓸어내렸다. 나중에 보니 딸아이의 귀 뒤에도 유리가 박혀 다음 날 병원에 가서 유리를 빼주었다.

혹독한 사춘기 신고식이었다. 남편도 첫아이다 보니 딸아이를 달래지 못한 채 아이를 몰아세우고 딸아이는 아이대로 아빠가 하는 말이 분해서 계속해서 대들었다. 강하게 몰아세울수록 딸아이의 반항은 심해졌다.

지금은 대학생이 된 딸아이와 사춘기 때 있었던 사건을 이야기하면 자신도 후회한다고 이야기한다. 왜 그랬는지, 철이 들지 않았고 지금 생각하면 부끄럽다고 한다. 혼자만의 세상에서 친구들한테도 왕따가 될까 봐 화장에 집착하고 화장을 1순위에 두었다고 한다.

외모 콤플렉스와 친구들 그룹에 끼고 싶었던 아이의 마음이었는데 세심하게 살피지 못한 남편과 나는 혹독하게 아이의 사춘기를 맞이하고 있었던 것이었다. 사춘기에 대해 준비를 하고 교육을 받았더라면 딸아이를 있는 그대로 받아들이며 유연하게 대했을 것이다. 10대의 사춘기는 '순간'에만 충실하므로 한 달 후 1년 후 5년 후를 내다보지 못하고 어리석게 행동하는 아이들이 많다. 시행착오를 겪으면서 아이도 어른도 함께 성장하는 것이다. 서로 보듬어주고 열린 마음을 가질 때 건강한 사춘기를 보낼 수 있다.

사춘기는 아이가 정체성을 찾아가는 시기이다. 부모의 자리도 완벽할 수 없다. 완벽한 인간이란 원래 존재하지 않기 때문에 우리는 좋은 부모의 모습을 보이기 위해 매 순간 노력하는 것이다. 아이의 처지에서 귀 기울여주고 보듬어준다면 아이도 부모의 말을 따르게 될 것이다.

★ 부모가 하지 말아야 할 말들

"너도 다음에 커서 꼭 너 같은 자식 한번 낳아봐라."

"저 걸 낳지 말았어야 했는데….."

"내 말 안 들을 거면 나가."

"너 때문에 미쳐버리겠다."

5
걱정만 하지 말고 긍정적으로 바라보자

평범한 사람과 전사의 근본적인 차이는 전사는 자기에게 일어나는
모든 일을 하나의 도전으로 받아들이지만 평범한 사람은
행복이나 비극의 관점에서 받아들인다는 것이다.
- 잭 캔필드·마크 빅터 한센의 『영혼을 위한 닭고기 스프』 중에서

사춘기는 경청하는 시간이다

대화의 1, 2, 3 법칙이 있다. 아이와 친해지고 싶다면 제
일 먼저 해야 할 것은 '공감적 경청'이다 공감하며 경청하는 것이야말로
가장 좋은 듣기 습관이다. 공감적 경청은 주의 깊게 듣는 것은 물론이고
적절한 반응까지 포함하는 말이다.

"아, 그랬구나. 그래서 어떻게 됐는데? 저런. 정말 속상했겠다!" 하고
아이의 이야기에 적극적으로 공감하고 맞장구쳐주는 것이다. 아이가 다
친 일을 말하면 "아이고, 아팠겠네!" 하고, 아이가 신이 나서 이야기를 하

면 "우와, 멋진데!" 하는 등 그때마다 주의 깊게 들으며 반응한다. 슬프면 같이 슬퍼해주고, 기쁘면 같이 기뻐해주며 감정을 공유하는 것이 바로 공감적 경청이다.

'대화의 1, 2, 3 법칙'은 1분만 말하고, 2분 이상 들어주며, 3번 이상 맞장구치라는 것으로, 공감적 경청의 중요성을 강조한 법칙이라 할 수 있다. 부모가 공감적 경청의 자세를 익혀 대화의 '1, 2, 3 법칙'을 잘 실천하면 아이와의 관계는 분명 달라진다. 부모의 이해와 사랑을 받고 있다고 믿으면 아이는 누가 시키지 않아도 자신의 현재 상황에 관해 이야기하게 된다.

사춘기 아이들은 키울수록 거대한 블랙홀 같았다. 책은 읽으면 읽을수록 새로운 세상으로 나아가는 길이 보였다. 결혼을 하고 두 아이의 엄마가 되어 딸을 다시 마주보게 되었다. 아이를 사랑하고 건강하게만 자라면 되는 줄 알았던 지난날. 교육에 대한 방법을 모르는 상태에서 육아와 일을 병행하던 시절에 아기 때에는 나만 바라보고 해바라기처럼 나를 향해서 쑥쑥 크던 딸아이였다. 내가 모든 것을 해주면 나의 말을 잘 들었던 딸아이가 자아가 생기고 사춘기가 오면서 나와 사사건건 충돌하기 시작했다.

손원평의 『아몬드』에는 이런 말이 나온다.

"부모는 자식에게 많은 걸 바란단다. 그러다 안 되면 평범함을 바라지. 그게 기본적인 거라고 생각하면서. 그런데 말이다, 평범하다는 건 사실 가장 이루기 어려운 가치란다. 생각해보면 할멈이 엄마에게 바란 것도 평범함이었을지 모르겠다. 엄마도 그러지 못했으니까. 박사의 말대로 평범하다는 건 까다로운 단어다. 모두들 '평범'이라는 말을 하찮게 여기고 쉽게 입에 올리지만, 거기에 담긴 평탄함을 충족하는 사람이 몇이나 될까."

사춘기 자녀를 둔 학부모들을 만나면 당황하고 힘들어하는 기색이 역력하다. 어제도 오늘도 내일도 한결같지 않은 아이 앞에서 전전긍긍하는 것이다. 대화를 거부하고 방문을 닫고 하루에 말하는 단어도 몇 개 되지 않는다고 한다. 욕을 입에 달고 있고 감정 기복도 심하고 성적도 예전 같지 않아서 골치가 아프다고 집안의 상전이라고 하면서 눈치를 본다고 한다. 학교 가서 선생님과 상담해도 뾰족한 대안이 나오지 않는다고 한다. 학교생활에서는 아이들과 잘 어울리는데 집에만 오면 말문을 닫는다고 한다.

사춘기라는 껍데기를 깨기 위하여

헤르만 헤세의 『데미안』에는 이런 내용이 나온다.

"새는 알에서 나오려고 투쟁한다. 알은 세계이다. 태어나려는 자는 하나의 세계를 깨뜨려야 한다. 새는 신에게로 날아간다."

어른들은 어른들의 방식으로 살아가고 아이들은 아이들의 방식으로 살아간다. 아이가 이해할 수 없는 행동을 할 때는 아이가 왜 그러는지 생각해봐야 한다. 아이들은 사소하고 시시한 거짓말을 자주 한다. 사춘기라는 이름표를 달고 오로지 현재에만 집중하는 것이다. 이상도 이하도 없다.

아이의 사춘기 때 좋은 가르침은 부모가 도전하는 모습을 보여주는 것이다. 아이와 나란히 앉아, 부모의 버킷 리스트를 아이와 같이 만들어보며 미래를 설계하고 진로를 잡아주는 것도 자녀가 사춘기를 안정적으로 보내는 데 도움이 된다. 자신이 아이에게 자주 하는 말 중에서 성장성을 가로막는 말이 있는지 돌아보고 반성할 필요가 있다. 실패에 대한 두려움부터 가르치는 말을 적으면 아이도 두려움을 꺼내놓을 수 있을 것이다. 그리고 긍정적인 언어습관을 연습해야 한다. 나의 부정적 언어습관을 어떻게 바꿀지를 고민하고 생각해봐야 한다.

사춘기 자녀가 있다면 즐기는 운동 하나는 있어야 한다. 내가 가장 최우선으로 생각하는 것은 운동습관이다. 그리고 악기 한 가지도 다룰 줄 안다면 더 수월하다. 사춘기 때의 스트레스를 음악이나 운동으로 배출한다면 아이가 감정적으로 과도하게 화를 내는 게 반감된다. 몸으로 운동습관을 들인 사춘기 아이들은 공부 습관뿐 아니라 다른 생활 습관도 잘잡는다. 몸으로 각인된 습관은 인생의 큰 자산이 된다. 그래서 사춘기도좀 더 건강하게 심리적으로 안정을 잡을 수 있게 도와준다.

운동과 공부는 상관관계가 있다고 한다. 운동하면 기억력과 사고력을주관하는 전두엽이 커지고, 뇌세포 생성뿐만 아니라 인지능력 향상에도도움을 준다. 여러 학자는 신체활동이 뇌의 성장과 발달, 나아가 뇌의 노화 억제에도 큰 영향을 준다고 본다. 특히 유산소 운동이 큰 역할을 하는것으로 알려져 있다.

사춘기 자녀를 건강하고 긍정적인 아이로 키우려면 운동과 공부, 악기를 연주하면 정서발달에도 도움이 된다. 그리고 이러한 활동을 하는 학교에서는 사건과 사고도 줄어든다고 한다. 일본의 엄마들은 어려서부터체력을 가장 먼저 키워야 할 자산으로 생각한다. 그래서 바깥에서 뛰고몸으로 노는 것을 중시한다. 겨울에도 맨발에 반바지를 입혀 하체를 강화하는 것이 도움이 된다고 믿는다. 운동은 일상에서 아이들이 마음의근육과 체력을 키울 수 있는 가장 좋은 습관이다. 건강한 사춘기 자녀로키우려면 운동습관부터 잡아도 괜찮을 것이다.

살다 보면 문제가 끊이지 않는다. 문제는 끝없다. 단지 바뀌거나 나아질 따름이다. 행복은 문제를 해결하는 데서 나온다. 여기서 핵심은 '해결'이다. 문제를 피하거나 아무런 문제가 없는 척하면 불행해진다. 해결하지 못할 문제가 있다고 생각해도 역시 불행해진다. 중요한 건 처음부터 문제를 해결하는 것이다. 행복하려면 우리는 뭔가를 해결해야 한다. 그것은 행복의 일종 행동이며 활동이다. 행복은 가만히 있으면 주어지는 게 아니다.

사춘기 자녀와도 마찬가지다. 아이가 사춘기 때는 문제가 끊이지 않는다. 문제는 끝없이 패턴이 반복된다는 것이다. 해결하기 위하여 문제를 정면으로 마주해야 한다. 가만히 있겠다고 하면 문제가 해결되지 않고 아이와의 관계도 원만해지지 않는다. 끊임없이 노력해야 사춘기 자녀와의 사이도 긍정적인 방향으로 나아갈 것이다.

★ 사춘기, 걱정하지만 말고 긍정적으로 바라보기

부모가 보여주는 사랑과 긍정적인 기대는 아이에게 매우 중요하다. 아이는 부모의 믿음으로 성장한다. 그 믿음에 맞게 행동하고 자라려 한다. 부모가 바라는 대로 아이를 대접하면 아이는 부모가 바라는 대로 자라게 된다.

6
아이의 문제들은 부모에게서 비롯된다

당신이 꾸준히 하는 일이 당신이 어떤 사람인지를 말해준다.
훌륭함이란 우연히 이루는 것이 아니라 몸에 밴 습관으로 이루는 것이다.
- 아리스토텔레스

독친의 유형들

① 어릴 때부터 부모들이 짠 인생 스케줄에 따라 아이 일거수일투족 간섭

② 부모가 성공·실패 경험 통해 아이가 결정해야 할 일 통제… 커서도 스스로 결정 못 해

③ 자녀 자유 존중하는 척하면서 아이 인생 주요 길목에선 부모의 생각 주입 '이중구속'

– "독친(毒親)의 유형들" 〈조선일보〉, 2014. 11. 20.

부모는 자녀에게 수시로 상처를 주고 모욕감을 주면서 하는 말이 있다.

"나는 너를 사랑하기 때문에 이렇게 하는 거야. 그러니까 내가 하자는 대로 하면 돼."

자녀들은 세뇌를 당하는 것처럼 자존감을 갖지 못하고 서서히 무너지기 시작한다.

미국에서 출간돼 베스트셀러가 된 『독이 되는 부모(Toxic parents · 毒親)』의 저자 수전 포워드(Susan Forward) 박사는 자신의 책에서 이렇게 주장했다고 한다.

한 기사에서 대학생 박 모(23)씨는 최근 아버지와 어머니가 자신의 스마트폰과 노트북을 몰래 사설 업체에 맡겨 자기의 SNS 계정을 해킹한 사실을 알고 경악했다고 한다. 의사인 아버지와 사회활동가로 이름이 꽤 알려진 어머니가 여자 친구의 학벌이 마음에 들지 않는다며 교제를 반대한 게 발단이어서 박 씨는 여자 친구와 헤어졌다고 거짓말을 하고 계속 만나 왔는데, 이를 의심한 부모가 뒷조사한 것이라고 한다. 박 씨는 "부모님이 SNS 계정을 해킹하고도 오히려 '당장 관계를 정리하지 않으면 정신병원에 보내겠다'는데 미쳐버릴 것 같다"라고 했다고 전한다.

동화·고전 속 부모 유형

맹모삼천지교	환경조성형
한석봉과 어머니	스스로 모델형
청개구리	인생플래너형
발명왕 에디슨	자율중시형
아기돼지 삼형제	경험중시형
마당을 나온 암탉	헌신형

자료: 한국청소년상담복지개발원

박 씨는 어릴 때 학교에서 나눠준 알림장을 잃어버려 부모님께 혼날까 봐 집에 가기 싫다고 담임 선생님 앞에서 벌벌 떨던 일이 가장 먼저 생각나서 호소했다고 전한다. "완벽을 요구하는 부모 밑에서 자란 성인들은 부모의 기대를 충족시키지 못할까 봐 늘 긴장과 불안에 시달린다."라고 전한다.

아이의 삶에 부모의 삶을 '투영'하면서 독친이 시작된다고 한다.

– 참고 : "독친(毒親)의 유형들" 〈조선일보〉, 2014. 11. 20.

천국과 지옥을 경험하는 사춘기

부모가 아이의 삶에 부모의 삶을 투영하면서 아이들은 천국과 지옥을 경험한다. 사는 것은 결국 관점의 문제다. 아이를 믿어주는 만큼 아이는 성장한다. 미래에 대한 불안감으로 꿈도 목표도 없는 아이들이 많다. 아이를 믿는 것은 아이의 자존감을 높여주는 것이다. 아이가 본인의 정체성에 혼란스러워할 때 부부가 싸우는 모습을 보인다면 아이들은 혼란이 가중된다. 부부 사이가 좋아야 사춘기 아이들이 안정적인 심리상태가 된다.

자녀와의 관계는 기본적으로 자녀의 부족한 부분을 어느 정도 메워주고 북돋아줘야 원만하게 유지된다. 또한 자녀의 다른 점을 인정하고 그대로 수용해야 하며, 내 상상에 불과한 기대치를 자녀에게 요구하지 말아야 한다. 이는 작은 칭찬과 배려에서 출발한다.

예전에 한창 매스컴에서 '부모력'이라는 것이 언급됐었다. 부모력(力)이란 그대로 부모로서 가져야 할 능력, 자질, 역할을 의미하는 신조어이다. 현대 사회에서 부모 역할의 중요성은 갈수록 더 크게 대두되고 있다. 예전과는 달리 재워주고 먹여주는 것으로 부모의 역할이 끝나는 것이 아니라 사춘기 자녀의 인생이 부모에게 달려 있다고 할 수 있다.

할아버지의 재력, 엄마의 정보력, 아빠의 무관심이 아이의 능력을 만든다는 이야기가 있다. 지금 맞아떨어지는 이야기는 아닌 것 같다. 미국에서는 한 명의 아이를 교육하고 성공시키기 위하여 최소한 6명이 보살핀다고 한다. 이것은 6명까지는 아니더라도 부모력으로 부모와 조부모가 같이 아이를 키워야 한다는 의미다.

엄마 아빠의 사춘기 공부 실전연습

★ 아이의 문제들은 부모에게서 비롯될까?

아이의 삶에 부모의 삶을 투영하면서 문제가 시작된다. 당신의 10대 아이는 절대 완벽할 수 없다. 부모가 아이의 착한 심성을 알아주고 인정해주면, 힘든 상황을 극복할 용기와 힘을 부모에게 얻게 된다.

7
문제의 원인을 가정 밖에서 찾지 마라

우리의 최대의 영광은 절대 넘어지지 않는 것이 아니라
넘어질 때마다 다시 일어서는 것이다.
- 공자

부모 욕심 때문에 불행한 아이들

청소년들의 불행과 일탈의 원인 중에서는 부모의 영향이 적지 않다고 한다.

"대구의 한 중학교 2학년생 상호(가명 · 14)의 어머니 B(41) 씨는 지난해 학교 상담 교사로부터 상호가 정서 행동 특성 검사 결과 '자살 고위험군(群)' 판정을 받았다는 연락을 받았다. 초등학교 때 우등생이었던 상호의 중학교 첫 학기 성적은 최하위권이었다. 그동안 상호를 위해 한 과목에 수십만 원 하는 학원 과외에 돈을 쏟아부었다는 B씨는 아들에게 "너한테 들인 돈이 아깝다."라는 등 '악담'을 퍼붓기 시작했다. B씨는 그로부터 얼마 뒤 상호가 노트에 '엄마를 죽이고 싶다.'라고 쓴 글귀를 발견했다. 아이들이 부모로부터 내몰리고 있다. 그 결과는 자살·자해, 가출, 존속 살인 같은 극단적 선택까지 나타나고 있다."

―"부모 욕심 때문에 불행한 아이들 고학력 부모일수록 악영향 많아"〈조선일보〉 2014. 11. 20.

이유가 무엇이든 화는 몸과 마음을 망친다. 화가 나면 뇌신경이 흥분하고 스트레스 호르몬이 흘러나온다. 그러면 심장은 더 빨리 뛰고 두근거리며 호흡이 가빠진다. 혈압이 높아지고 혈당도 올라가서 심혈과 질환에 걸리기 쉬워진다. 스트레스 호르몬은 기억과 감정조절을 담당하는 부위의 뇌세포를 손상시킨다. 그 결과 뇌세포가 깨지고 뇌가 쪼그라든다. 분노에 맛이 든 사람은 점점 더 사소한 자극에도 신경계가 강하게 흥분한다. 이성적 판단을 하는 전두엽의 조절 기능이 약해져서 더 괴팍해지고 충동 조절을 못 하게 된다.

문제는 분노의 전염성이다. 분노는 자기보다 만만한 사람에게 흘러가서 그들을 전염시킨다. 조직의 리더가 화를 내면 부하 직원들의 스트레스가 높아진다. 집에서 화가 난 아이들은 학원이나 학교에서 자기보다 약한 애들을 괴롭히거나 욕하고 쥐어박는다, 이런 식으로 분노는 전파되어 사회 전체가 험악해진다.

"우리 사회엔 '화'가 가득 차 있다. 많은 사람이 사소한 일에도 욱하고 짜증을 버럭 낸다. 순간의 충동을 참지 못해서 큰 사고를 저지르기도 한다. 스트레스를 받으면 외국인들은 대개 우울하다든지 불안하다고 말하는데 한국인들은 "뚜껑이 열린다.", "열 받는다.", "울화가 치민다." 등 분노 반응이 많다. 우리는 왜 화를 잘 낼까? 우선은 남에게 무시당하는 것이 죽기보다 싫으니 그럴 때 분노가 잦다. 디지털 기기가 보편화하면서 사람 사이의 접촉과 따뜻한 교감을 잃어버리게 된 것도 중요한 원인이다. 저성장 시대와 양극화가 심화하면서 열심히 노력해도 희망이 없다는 좌절감이 충동적 분노로 표출된다는 진단도 내릴 수 있다."

– "우종민 교수의 분노는 당신에게 돌아온다고 한다." 〈조선일보〉 2013. 02. 19.

사춘기의 화를 피하는 방법을 알아보자

자녀 때문에 자꾸 화가 날 때는 우선 그 상황을 피해보자.

다른 곳을 쳐다보면서 10번만 심호흡하고 "내 뇌를 살리자."라는 주문을 외운다. 15초만 지나면 분노의 호르몬이 대부분 없어지기 때문에 그 순간이 오도록 기다리면 된다. 어릴 때부터 자기감정을 관리하고 조절하는 지혜를 가르쳐야 한다. 분노 조절은 나와 남을 보호하는 '생존 기술'이다. 영어, 수학을 가르치는 것보다 훨씬 더 중요하고 우선되어야 한다.

사춘기 때에는 부모와 아이가 같이 노력해야 한다. 대화법도 중요하다. 생각이 다르더라도 차분하게 자기 의사를 전달하고, 누군가 마음속 이야기를 꺼내면 이를 질책하지 말고 침착하게 들어주면 된다. 그렇게 경청하다 보면 분노할 일이 자연히 줄어들 것이다. 분노라는 감정의 노예가 되면 그 순간에는 그것이 꼭 사실인 것처럼 느껴지지만 다시 생각해보면 대개 어리석은 본능이 부채질한 한순간의 실수일 뿐이다.

누구든지 분노할 수 있다. 그것은 매우 쉬운 일이다. 그러나 올바른 방법으로 분노하는 것은 아무나, 아무 때나 할 수 있는 일이 아니다. 그렇지 않은 과도한 분노는 결국 자기에게 돌아오기 마련이다. 사춘기 자녀와도 돌이킬 수 없는 관계가 되고 만다.

자녀에 대한 불안이나 긴장감을 떨쳐내려면 어떻게 해야 할까?

데이비드 시버리의 『걱정 많은 당신이 씩씩하게 사는 법』에는 이런 내용이 나온다.

"식물학자들은 모든 씨앗은 발아하기 전에 성장의 방향을 세심하게 구상한다고 말한다. 씨앗에는 성장의 전체 계획을 담은 설계도가 담겨 있다는 것이다. 씨앗은 그 설계도대로 한 치 오차 없이 성장하여 뿌리와 줄기를 이루고, 열매를 맺는 일생을 살게 된다. 아주 작은 씨앗에도 이렇게 미래 설계도가 담겨 있는데, 만물의 영장이라는 우리는 이런 과정을 대수롭지 않게 여기며 살기 때문에 난관이 닥치면 금세 휘청거리고 원하지 않는 방향으로 추락하고 만다."

자녀와의 관계도 전략적으로 대처해야 한다. 그리고 부모 자신이 행복해야 자녀도 행복감은 느낀다. 자녀가 원하는 것이 있다면 원하는 방향으로 아이의 진로를 설계해주어야 한다. 수동적이기보다는 능동적인 아이가 사춘기를 극복할 수 있게 된다. 인생을 배워야 할 것은 아이들뿐만 아니라 부모도 포함된다. 긍정적인 아이로 키우기 위해서는 어떤 부모가 되어야 하는가? 좋은 부모가 되기 위해서는 자녀와 공감을 형성해 의사소통능력을 높이고 안정적인 관계를 형성해 아이의 성취동기를 자극하고 부모력을 키워야 한다.

또한 기대하는 만큼 자녀의 자율성과 자존감을 높여주어야 한다. 단점보다는 장점을 부각시켜주고 부정적인 언어보다는 긍정적인 언어로 자녀를 키워주자. 자녀와 눈높이를 맞추면 공감할 수 있는 부분이 많아진다. 자녀와 부모가 믿음과 신뢰를 바탕으로 좋은 관계를 쌓아간다면 자녀들도 부모를 전적으로 믿고 따를 것이다.

★ 문제의 원인을 가정 밖에서 찾지 마라

아이가 사춘기에 접어들면 아이의 말이나 행동을 보고 학교생활이나 교우 관계부터 물어보게 된다. 말을 잘 하지 않고 방문을 닫고 반항을 하는 등 여러 가지 행동이 있지만 아이의 반응에 민감하게 받아들이지 않는 부모의 자세가 필요하다.

부모가 아이를 가정이라는 울타리 안에서 자신의 욕심대로 길들이려는 것은 아닌지 살펴보아야 한다.

부모의 사춘기 공부

셋째 시간

사춘기 아이와
싸우지 않고
대화하는 법

1
뺄어서는 안 되는 말, 들려주어야 하는 말

남과 원한을 맺는 것은 화의 씨를 뿌리는 것이나 마찬가지요.
착한 일을 버려두고 하지 않는 것은 자기가 자기 일을 해치는 일이다.
- 『명심보감』 중에서

아이는 부모와 모든 이야기를 나누지 않는다

청소년이 사춘기가 오면 자아 중심성이 커진다.

"너 내 말 안 들을 거면 집 나가!"

"호강에 겨워서 하는 행동이 가관이야."

"나가서 고생을 해봐야 엄마, 아빠 귀한 줄 알지!"

한국알트루사 여성상담소 문은희 소장은 한 인터뷰 아이들을 불행하게 하는 엄마의 유형을 다음과 같이 정리했다.

'대화가 많지만, 아이와 느낌을 소통하지 못하는 엄마', '가정에서 조차 아이의 인권을 지켜주지 못하는 엄마', '자녀의 꿈을 방해하는 엄마', '아이의 어두운 마음을 외면하는 엄마', '일 처리하듯 목표한 곳으로 아이를 몰아가는 엄마', '남들 하는 대로 따라 하는 엄마', '내 아이만 잘되면 된다고 생각하는 엄마.'

– "너는 내 인생의 전부야" 〈조선일보〉, 2014. 11. 21.

사춘기를 아이와 함께 보내면서 하지 말아야 할 말과 해야 할 말을 구분해야 아이와 싸우지 않고 대화하게 된다. 뱉어서는 안 되는 말과 들려주어야 하는 말에 대하여, 부모는 진지하게 내뱉는 말에 대하여 특별히 더 신경 써야 한다. 아이를 믿었는데 아이의 거짓말이 들통 날 경우 아이를 믿지 못하고 다그치게 된다. 아이를 자꾸 의심하고 행동에 대한 생각이 꼬리에 꼬리를 물어서 의심이라는 주머니가 커지게 되는 것이다. 아이에 대한 나쁜 상상은 날개를 달고 아이와의 벽이 생겨 멀리 넘어서게 된다.

있는 그대로의 사춘기 아이를 마주해야 한다

폭력과 강압으로 아이를 통제하려고 하면 언젠가는 터진다. 폭력은 아이들에게 큰 상처를 남긴다. 폭력은 아이의 기본적인 자유의지를 꺾어버리기 때문에 심각한 것이다. 부모가 아이에게 해야 할 말과 하지 말아야 할 말과 해야 할 행동과 하지 말아야 할 행동이 있다. 매를 드는 행동도 하지 말아야 할 행동 중 하나라고 생각한다. 매로 아이를 다스리면 아이는 부모를 부모로 여기지 않을 것이다.

아이에게 폭력을 행사하는 부모도 있고 폭력을 방관하는 부모도 있다. 그런데 아이들은 방관하는 부모도 폭력을 행사하는 것으로 본다.

사춘기 자녀와 관계에서도 하지 말아야 할 말과 해야 할 말에 대해 지혜롭게 대응하지 않는다면 당신의 자녀와 더욱 힘든 관계가 될 것이다. 아이는 부모가 정성을 주고 보살펴주는 만큼 성장하게 된다. 그러나 부모가 챙겨야 하는 것은 아이의 성적이나 학원만이 아니다. 더 중요하게 보살펴야 하는 것은 아이의 감정과 마음과 생활 태도이다.

옛날의 성현들은 지식이 출중한 사람도 사람의 도리를 알지 못하면 오히려 사회에 해악을 끼치는 존재가 된다며 이를 엄하게 경계했다. 그러한 이유에서 지식교육에 앞서 자녀의 생활교육에 중점을 두고 교육했다.

부모가 사춘기의 자녀를 세심하게 챙겨야 한다. 아이와 끊임없이 대화하면서 성적뿐만 아니라 마음, 감정, 생활 태도까지 챙겨야 한다. 이러한 것들이 사춘기를 건강하게 보내는 방법이다.

류시화의 『새는 날아가면서 뒤돌아보지 않는다』에는 이런 내용이 나온다.

"소리 지를 때 더 고통받는 것은 상대방이 아니라 나 자신이다. 불붙은 석탄을 던지는 사람은 자신부터 화상을 입는다. 내가 사람들에게 화를 내면서 깨닫는 것은 그러한 행동이 나를 주위 세상으로부터 더 고립시킨다는 것이다. 혹시 우리는 회복하기 어려울 정도로 멀어진 관계 속에서 소리를 지르고 있는 고독자가 아닐까."

엄마 아빠의 사춘기 공부 실전연습

★ 하지 말아야 할 말, 해야 할 말

아이가 몰고 오는 문제들을 피하는 방법은
첫 번째, 아이가 하는 말을 기분 나쁘게 받아들이지 않는다.
두 번째, 침착함과 평정심을 유지해야 한다.
세 번째, 아이에게 명령조로 말하지 않는다.
네 번째, 아이가 물어봤을 때만 도움이 될 만한 조언을 해준다.

2
어떤 순간에도 아이를 존중하며 말하자

당신과의 만남이 나를 더 좋은 남자가 되게 만들었다.
- 영화 <이보다 더 좋을 수 없다> 중에서

흔들리는 사춘기는 당연하다

김난도의 『천 번을 흔들려야 어른이 된다』에는 이런 내용이 나온다.

[결핍을 즐겨라] "그대의 지병은 무엇인가? 당신의 결핍은 무엇인가? 그것을 겸손함으로 감싸 안아라. 그때 비로소 당신의 지병과 약점은 장수와 성공의 장애가 아닌 비결이 된다. 나는 오늘도 마음에 쓴다. '병이 있는 사람이 장수하고, 약점이 많은 사람이 성공한다.'라고 한다."

사춘기에는 청소년들의 자아 중심성이 나타난다. 행동할 때 언제나 다른 사람들이 자신의 행동을 주시하고 있다고 생각한다. 데이비드 엘킨드는 그 결과 나타나는 현상이 바로 주위 사람들이 모두 자신에게 관심을 갖고 주목한다고 생각하는 '상상의 청중'이라는 증상이라고 하였다. 자신에게 갈채를 보내는 청중이 있다고 상상하는 것이다.

나는 20대 중반 결혼이라는 명제 앞에서 결혼할 준비, 엄마가 될 준비가 되어 있지 않았다. 상황에 능동적으로 대처하지 못하고 닥치는 상황을 해결하기에 급급했던 나는 출산을 하게 되고 두 아이의 엄마가 되었다. 유년 시절에는 책을 잘 읽지 않았다. 육아에 대한 지식이 없어서 서점과 도서관에 가서 육아 교육서를 먼저 읽기 시작했다. 아이가 아플 경우, 아기 유아식 만드는 방법 등에 대하여 한 권씩 독서를 시작했다. 눈에 넣어도 안 아플 것 같은 아이들이 건강하게만 자라길 바라는 순수한 마음이었다.

그러나 아이들이 커가면서 순수한 마음은 점점 퇴색해가고 아이를 훈육할 때도 혼자만의 감정으로는 아이가 제어되지 않았다

엄마가 되기 위해서는 무엇을 준비해야 할지 고민을 나눌 사람이 없어 도서관에서 책을 파고들었다. 자녀 교육서에서부터 감정 다스리는 방법, 논어, 맹자, 고전, 자기계발서까지 닥치는 대로 읽었다. 내가 힐링되는

느낌이었다. 아이를 키우면서 우울하고 치밀었던 분노가 하나둘씩 가라앉기 시작했다. 내가 나를 다스리지 못했던 지난 시간을 후회하면서 책을 읽어나가니 마음이 편해지며 아이들 대하기도 수월해졌다.

아이들이 스스로 깨닫는 것과 그냥 내버려두는 것은 차원이 다르다. 깨닫게 하려면 부모가 세심하게 배려하는 노력이 필요하다. 아이가 강압적이라고 느끼지 않을 만큼의 적절하고 세심한 배려가 필요한 것이다. 아이들은 내버려둔다고 해서 저절로 크는 것이 아니다. 자녀의 사춘기는 돌보고 정성을 들인 만큼 좋은 결과를 거두게 되어 있다.

요즘 아이들은 학교생활과 학원 그리고 과외를 전전한다. 정작 부모와 대화할 시간이 없어서 의사소통이 단절된다. 가능하면 부모에게 고민을 털어놓지 않는다. 아이들은 고민을 이야기해도 이를 무시하고 지나치는 어른들이 많아 사춘기가 되면 더욱 입을 다물게 된다. 자녀가 공부 외의 것을 부모에게 요구하면 '공부만 하면 됐지, 그런 게 왜 필요하냐.'라고 핀잔을 준다. 부모와 자녀 사이에 대화가 단절되면 자녀가 제대로 사춘기를 보낼 수 없게 된다.

최효찬의 『5백년 명문가의 자녀교육』에는 이런 내용이 나온다.

"다산 정약용은 유배지의 특수한 상황에도 불구하고 고난과 시름을 달래며 '망한 집안'을 일으키기 위해 두 아들에게 수많은 편지를 보내면서 자녀들의 '매니저' 역할을 톡톡히 했다.

비록 유배된 처지로 땅끝에 가까운 해남에 떨어져 살고 있었지만, 다산은 아버지의 역할과 함께 인생의 선배로서 자녀들의 삶에 지침을 주고 어떻게 살아야 할지 방향을 제시해 주었다.

다산은 마치 '가문 컨설팅'을 하듯이 두 아들에게 삶의 지침을 내리고 있다. 자녀들에게 서울에서 10리를 벗어나지 말고, 되도록 서울 한복판에서 살라는 당부에 벼슬길에 오르지 못해도 학문을 게을리하지 말라는 지침을 내림으로써 '가문 관리자'의 진면목을 보여주었다.

실학의 대가인 다산에게서 위기에 처한 가문의 관리자, 즉 CEO로서의 진면목을 엿볼 수 있다고 하겠다.

귀양살이가 장기화되면서 유배지의 서슬 퍼런 통제도 조금 완화되자 다산은 아들을 유배지로 불러 직접 학문을 지도하고 술버릇까지 직접 가르쳤다. 또 자녀들이 때로 독서를 게을리하는 기색이라도 보이면 무지렁이나 금수로 전락할 수 있고, 그렇게 되면 자손들이 훌륭한 양반 가문과 결혼할 수 없다는 통속적인 비유를 들어가며 자녀들의 분발을 촉구하기도 했다. 다산은 요즘의 '대치동 엄마'에 뒤지지 않는 열정으로 유배지에서도 편지를 통해 자녀들을 교육하면서도 두 아들이 어떻게 살아가야 할지에 대한 가이드라인을 내렸던 셈이다."

아버지는 돈만 벌어다주면 그만이라고 생각하는 아이들도 있다. 큰 오산이다. 행복이 결코 돈으로 좌우되지 않듯이 사춘기 자녀교육도 돈만으로 해결되지 않는다.

사춘기 자녀의 고민을 들어줘야 한다

부모들은 점수의 노예가 되어 명문대 진학에 초점을 맞추지 말고 마음을 열어 진심으로 사춘기 자녀의 이야기를 들어주어야 한다. 그렇게 대화하고 고민을 나누다 보면 아이들이 진정으로 원하는 것이 무엇인지를 자연스럽게 알 수 있다. 가르치려 하지 말고 고민을 들어줘야 한다. 고민을 이야기한 이후에는 공부하는 집중력도 훨씬 높아진다.

'멘토'는 트로이전쟁의 영웅인 그리스의 이타카 왕 오디세우스가 전장에 나가기 전 자신의 친구인 멘토에게 아들 텔레마코스를 부탁한 데서 비롯되었다. 멘토는 오디세우스가 없는 20년 동안 친구의 아들을 훌륭하게 키워냈는데, 그는 '선생님처럼 행동하지 않고 동료 혹은 친구처럼' 가르쳤다고 한다. 여기에서 멘토는 단순히 학습지도만이 아니라 인생의 선배로 상담까지 해주는 지혜로운 스승을 의미하게 되었다.

교육전문가들은 부모의 역할을 3가지 기준에 따라 설명한다.

첫째, 미래 비전을 제시하는가?

둘째, 자녀의 생활습관을 관리하고 있는가?

셋째, 자녀에 대하여 잘 알고 있는가?

이 3가지 기준을 모두 충족시키는 부모, 즉 미래의 비전을 제시해주면서 자녀의 적성도 파악하고 생활습관도 관리하면서 자녀를 존중한다면 바람직한 부모이다.

부모는 아이들에게 인생의 나침반이나 등대 같은 '멘토'의 역할을 해야 한다. 부모가 사춘기 자녀 교육에서 멘토의 역할을 제대로 하려면 자녀의 생활습관을 관리하고 자녀의 적성 등을 잘 파악하고 미래 비전까지 제시할 수 있어야 한다. 부모도 끊임없이 공부하고 자기계발을 해야만 사춘기 부모 노릇을 제대로 할 수 있다.

자녀들에게 무작정 공부하기를 강요하지 말고 자녀들의 고민이 무엇인지 이야기를 나눈다면 큰 효과를 거둘 수 있다. 사춘기 자녀를 공부해서 자녀들의 미래를 코치할 수 있는 상담자 역할도 병행할 수 있는 수준이 되어야 한다.

★ 아이를 존중하며 말하자

아이는 질풍노도의 시기를 겪고 있다. 사춘기 아이의 정서는 강렬하고 일관성이 없고 불안정한 상태이기 때문에 일관된 부모의 마음이 필요하다. 아이는 부정적인 감정만 경험하는 것이 아니기 때문에, 자신의 감정과 행동표현이 미치는 영향에 대해 인식하고 부모와 함께 정서를 조절하도록 노력해야 한다.

3
잘 들어주기만 해도 문제는 80% 해결된다

인생은 모두 함께하는 여행이다. 매일매일 사는 동안
우리가 할 수 있는 것은 최선을 다해 이 멋진 여행을 만끽하는 것이다.
- 영화 <어바웃타임> 중에서

사춘기 문제의 80% 해결하기

자기계발서 작가 마크 맨슨의 『신경 끄기의 기술』에는
이런 내용이 나온다.

"나는 원하는 바를 성취하는 법을 알려줄 생각이 없다. 대신 포기
하고 내려놓는 법에 대해 말할 것이다. 인생의 목록을 만든 다음, 가
장 중요한 항목만을 남기고 모두 지워버리는 방법을 안내할 것이다.
눈을 감고 뒤로 넘어져도 괜찮다는 것을 믿게 해줄 것이다. 신경을
덜 쓰는 기술을 전할 것이다. 하지 않는 법을 가르쳐줄 것이다."

아이들의 사춘기가 되면 자신의 본질과 위치에 대하여 생각하게 된다. 나는 누구인가? 왜 살아야 하며 내가 있는 곳은 어디인가? 사람들은 우주 속 먼지와도 같다고 생각하면서 일상을 살아간다. 견디는 게 사는 것인지 사는 게 견디는 것인지 알 수 없지만 한 치 앞도 볼 수 없는 미래에 대하여 불안감과 두려움을 안고 살아간다.

토니 험프리스의 『자존감 심리학(있는 그대로 살아도 괜찮아)』에는 '자신과 타인에게 진실하기'라는 구절이 있다.

> "고통은 대부분 우리 자신을 가혹하게 대하거나 특정한 감정을 부정할 때 생겨난다. 우리가 이런 감정을 우호적으로 다루고 기쁨과 고통이 발생한 이유와 목적을 수용하는 입장에서 정직하게 행동한다면 성숙한 진보를 이룰 수 있다."

나의 심리에 대해 아이들에게 정직하게 대하지 못했던 것을 후회하고 있다. 욕심과 집착을 내려놓지 못하고 고통스럽게 대했다.

아이의 사춘기 시절에는 아이와 말을 할수록 꼬이고 소통되지 않고 답답해서 끝없이 깊은 어둠으로 떨어지는 느낌이었다. 시간에 대한 영속성은 영원히 존재한다. 매일 시간과 분과 초를 계산한다. 시간은 굴레를 갖는다는 보이지 않는 굴레에 대하여 우리는 날마다 쫓긴다. 도망만 다니는 우리는 시간에 대하여 지배당한다. 계절을 생각하고 아이의 사춘기를 생각했다. 답답한 마음에 아이의 말을 들으려고 하기보다는 가르치려고만 했다. 아이가 먼저 원하는 것에 귀 기울이고 기다려야 했는데, 원하는 것에 귀 기울이지 못하고 기다리지 못했다.

마르쿠스 아우렐리우스의 『청소년 명상록』에서 이 세상은 결합과 분산이 마구 뒤범벅이거나 아니면 질서와 십의 섭리로 조화된 하나의 통일체라고 말한다. 만일 이 세상이 전자 쪽이라면, 그런 혼란과 무질서 속에 머물러 있기를 갈망할 이유가 어디 있겠는가? 어떻게 하면 흙으로 돌아갈 수 있을지에 대한 방법을 찾는 것 이외에 걱정할 일이 무엇이겠는가? 마음이 혼란될 이유가 어디 있겠는가? 내가 어떻게 하든 조만간 원소들의 분해 작용이 나를 덮칠 것이 아닌가? 그러나 만일 이 세상이 후자 쪽이라면 나는 지배적 이성을 존중하고 신봉하며 그것으로부터 용기를 얻을 것이다.

만일 환경에 의해 어쩔 수 없이 혼란에 빠질 경우가 생긴다면 당신은 즉시 본래의 당신 자신으로 되돌아오도록 노력하라. 그리고 불가피한 경우가 아니라면 동요되지 마라. 왜냐하면, 항상 조화로 되돌아감으로써 더 훌륭하게 조화를 유지할 수 있기 때문이다.

사춘기라는 카벙클을 깨야 할 시간

자녀가 사춘기 때에는 마음속에 내재되어 있는 참 자아를 찾아내어 몰입하게 해주는 것이 좋다. 몰입이란 자신을 새로운 시점, 높은 경지로 들어 올려 그곳에서 자신을 가만히 들여다보는 연습이다. 또한 몰입은 군더더기를 버리는 행위이다. 알게 모르게 편견과 고립으로 굳어버린 자신을 응시하면서 그것을 과감히 유기하는 용기다.

배철현의 『심연』에는 이런 내용이 나온다.

"어미 거북이는 자신의 몸이 충분히 들어갈 수 있도록 모래를 파내 30cm 정도 깊이의 구덩이를 만든다. 그런 뒤 구덩이 속으로 들어가 머리만 모래사장 위로 삐죽 내놓고는 사방을 둘러본다. 칠흑같이 어둡고 고요한 해변의 모래사장 밑은 어미 거북이들의 발길질로 분주하다. 뒷지느러미로 더 깊은 구덩이를 파는 것이다.

알이 안주할 만큼의 공간이 마련되면 어미 거북이는 50에서 200여 개의 알을 낳는다. 알을 낳은 뒤엔 곧바로 모래로 둥지를 덮어놓는다. 맹금류로부터 알을 보호하는 동시에 알의 점액이 마르지 않도록 적당한 온도를 유지해주기 위해서다. 세 시간여 동안 이 모든 과정을 마친 어미 거북이는 미련 없이 바다를 향해 떠나간다.

2개월쯤 지나면 모래 속에 있던 알들이 깨지기 시작한다. 알은 일정한 시간이 지나면 반드시 깨고 나와야 할 경계다. 신비롭게도 새끼 거북이는 알 속에서도 생존을 위한 무기를 스스로 만들어낸다. '카벙클(carbuncle)'이라고 불리는 임시 치아가 그것이다. 새끼는 무작정 알 안에 안주하고 있다가는 금방 썩어 죽게 된다는 사실을 본능적으로 알고 있다.

새끼 거북이들은 '카벙클'로 알의 내벽을 깨기 시작한다. 내가 안주하고 있는 환경이 나의 멋진 미래와 자유를 억제한다면, 자신만의 카벙클을 만들어 그 환경에서 벗어나야 한다. 알의 내벽을 깨지 못한다면 새끼 거북이는 자신을 억누르고 규정하며 정의하는 환경을 세상의 전부라 여긴 채 빛 한 번 보지 못하고 그 안에서 죽음을 맞이하게 된다."

사춘기 자녀의 말을 잘 들어주기만 해도 문제는 80% 해결된다.

마르크스 아우렐리우스의 『청소년 명상록』에는 이런 내용이 나온다.

"대화를 할 때에는 상대방의 이야기에 귀를 기울여야 하며 행동할 때에는 그 결과에 주의해야 한다. 전자의 경우에는 그 말이 무엇을

의미하는 가를 명백히 알아야 하며, 후자의 경우에는 그 행동의 목적
이 무엇인가를 간파해야 한다."

우리는 변화를 두려워한다. 그러나 변화 없이 생겨날 수 있는 것이 있
는가? 변화보다 더 친밀하고 소중한 것이 무엇인가? 당신 자녀의 변화도
이와 같으며, 우주의 자연에게도 반드시 변화가 필요한 것임을 당신은
왜 모르는가?

세상의 꽃들은 저마다 아름다움을 뽐내며 우리에게 감동을 준다. 스스
로 몰입해 있기 때문이다. 꽃들은 천재지변이 있더라도 자신에게 몰입한
다. 성찰을 통해 자신의 임무를 찾아냈다면, 이제 사춘기 자녀를 둔 부모
가 해야 할 일은 열정적으로 자녀를 사랑하고 몰입하는 것이다. 자녀와
의 대화에서 말을 하려고 하기보다는 자녀의 이야기를 경청한다면 소중
한 시간을 선물로 받을 것이다. 이 우주에서 시간이라는 괴물을 이길 수
없다. 자녀와의 시간은 활시위를 떠난 화살처럼 돌이킬 수 없다.

산다는 것은 자신 앞에 놓인 불완전한 자녀와의 삶을 인내로 걸어가
는 일이다. 마음속에 꺼지지 않는 가시덤불 속에서 지금 이 순간에도 당
신의 가족은 애타게 헤매고 있다. 그러나 사춘기의 경계를 넘어서려는
노력을 부단히 한다면 사춘기의 문제는 해결될 것이다.

엄마 아빠의 사춘기 공부 실전연습

★ 아이의 말을 잘 들어주기만 해도 해결된다.

아이가 사춘기 시기에는 대화할 때 경청해주는 것이 중요하다. 타인의 비판이나 평가에 민감하고 가족, 학교, 또래집단에서 영향을 많이 받기 때문에 부모와의 긍정적인 의사소통이 잘되어야만 긍정적인 자존감이 형성된다.

4
아이의 사소한 이야기에 귀 기울여라

인생은 너 자신을 찾는 것이 아니다. 너 자신을 창조하는 것이다
- 조지 버나드 쇼

사소한 이야기에 귀 기울이자

EBS 아이의 사생활 제작팀이 엮은 『아이의 사생활1』에
는 이런 내용이 나온다.

"사소한 이야기란 아이와 엄마 사이에 아무런 심리적 이해관계가
적용되지 않는 이야기, 쉽게 말해서 말하는 사람의 생각이 드러나지
않는 이야기다. 예를 들어 "꽃이 피었구나", "바람이 차구나" 같은 이
야기인데, 혹시라도 추우니까 나가지 말라는 식의 훈계조가 되지 않
도록 주의한다. 이런 사소한 이야기를 아이와 허심탄회하게 나누면,

아이는 스스로가 엄마와 동등한 대화의 상대로 존중받고 있음을 느 낀다.”

똑같은 틀에 넣어 붕어빵처럼 인재를 찍어내던 시대는 지났다. 이제 사회는 각 분야에서 독창적인 결과물을 만들어낼 수 있는 인재를 원한 다. 이 요구에 부응하려면 자신이 가장 좋아하고 즐길 수 있는 분야를 찾 아 열정과 헌신을 다할 수 있어야 한다. 일찌감치 자신의 강점을 발견해 서 키워온 사람과 획일적인 교육의 틀 아래 성장해온 사람은 차이가 날 수밖에 없다. 창의성, 창조성, 개성이 화두가 되는 이 시대에 그 차이야 말로 아이들의 미래를 결정지을 것이다

작은아이가 학원에서 귀가하는 시간은 10시다. 10시에 귀가하면 아이 는 집에 와서 스마트폰을 반납해야 하는 규칙을 아빠와 정했다.

스마트폰의 득과 실에 대해 아이에게 설명해준 상태였고 충분히 이 해하고 받아들인 아이가 동의한 것으로 가족회의를 거쳐 정한 것이다. 약속을 구두로만 하면 이행하지 않는 습성이 있기에 종이에 스스로 반납 시간을 적어놓았다.

약속 시각을 지켜야 한다는 사소한 약속이라 생각할 수도 있지만, 시 간의 개념과 약속의 중요성을 강조한 것이다. 하루는 스마트폰을 약속된

시간에 반납하지 않아 아빠가 야단을 치기 시작했다.

"스마트폰을 가져다 놓으라고 했을 텐데. 아빠가 몇 번을 말하니?"

신경질적으로 쿵쿵거리며 작은아이는 가져다 놓으려고 했다고 변명을 한다. 끝까지 손에서 놓지 못하는 스마트폰 때문에 계속 신경전이 벌어 지는 것이다. 사소한 일로 친구들과 메신저를 하고 있어서 매 순간 들여 다보면서 전송하고 확인한다.

심리학자 마크 엡스타인의 『트라우마 사용설명서』에는 이런 구절이 있 다.

"'순수한 주의집중'이야말로 트라우마를 치유하는 첫 번째 단계임 을 강조한다. 어떤 미화나 과장도 없이 추이를 있는 그대로 관찰하는 것은 사실 말처럼 쉽지가 않다. 우리는 자꾸 자기 마음을 판단하고 과장하고 해석하는 데 길들여져 있기에. 그 익숙한 습관을 거부하고 마음의 움직임을 그저 흘러가는 대로 바라보는 훈련이 필요하다."

나는 누구인가? 나는 어디에서 왔는가? 왜 학교에 다녀야 하고 학원을 가야 하고 내가 가야 하는 곳은 어디인가? 사춘기를 겪고 있는 아이들은 자신의 정체성에 대해 고민한다. 알고 싶어 하면 할수록 미궁으로 빠져드는 기분에 대하여 삶은 바람처럼 한 점 미풍으로 다가온다. 어떠한 종류의 바람인지 알지 못하고 현재도 알지 못한다.

사춘기의 화를 다스려야 한다

사춘기가 되면 화를 많이 낸다. 화를 내는 것은 자신이 멋대로 만들어 놓은 허상 속에 대상이 들어오지 않기 때문이다. 허상과 실제 대상이 불일치할 때 느끼는 감정이다.

우리의 눈은 보고 싶은 것만 보려고 한다. 사춘기의 자녀들도 마찬가지다. 사춘기는 첫 번째 '나'로부터 탈출하는 과감하고 용기가 있는 과정이다. 자아를 치장할 필요 없이 또 다른 내가 나타나는 것이다. 자아 안에 혼돈을 품고 있는 시기라고 볼 수 있다.

사춘기 자녀가 분노한 모습을 보면 부모도 마찬가지로 화가 난다. 일단 화를 가라앉혀야 하는데 쉽지 않다.

정신분석의 정도언의 『프로이트의 의자』에는 이런 내용이 나온다.

"분노라는 무의식을 다스리는 방법에 대해 제시되어 있다. 깊게 숨을 쉬기 위해서는 우선 숨을 내쉬어야 한다. 숨이 차 있는데 숨을 들이쉬면 힘이 들어간다. 숨을 내쉬어야 새 숨이 들어올 공간이 생긴다.

들이쉬는 숨은 세 박자, 내쉬는 숨은 다섯 박자 정도로 길이를 조정한다. 그러면서 손발이 무겁거나 따뜻해진다는 느낌이 든다고 상상을 한다. 그리고 내 안의 분노가 '호랑이'라면 우리에서 뛰쳐나온 호랑이를 일단 달래서 그 안으로 다시 넣는다고 머릿속으로 그림을 그리면서 상상한다. 그 후에 우리 안에서 호랑이가 자신을 표현할 수 있도록 도와준다고 이어간다. 그것이 안전하게 분노를 내 안으로 끌어들이는 방법이다. 분노 역시 내가 만들어낸 내 마음의 자식이다."

이제는 화를 낼 필요와 가치가 있는지 생각해봐야 한다. 화를 낼 필요가 있다면 평소 내가 화를 내는 방식 외에 다른 방식이 있는지도 생각해본다. 그러고 나서 자녀의 입장을 짐작하려고 애쓴다. 물론 당장 화가 났는데 자녀의 처지에 대해 생각하기는 대단히 어렵다. 그러나 되풀이해서 연습하면 몸에 밴다. 자녀의 입장에 공감하려고 노력하면서 분노가 어디서 오는 것인지를 생각한다. 무조건 자녀의 잘못이라고만 생각하지 않는다. 곰곰이 생각해보면 자녀의 말이나 행동이 내 안의 무엇을 건드려서 화가 났다는 것을 알 수 있다. 내 안의 그것이 무엇인지, 그것이 자녀에게 화를 낼 만한 가치가 있는지 생각해봐야 한다.

그 후 자녀와 대화를 시작해야 한다. 이때 단어 선택을 잘해야 한다. 처음부터 아이에게 내가 화났다고 말하면 아이는 부담을 갖는다. 일단은 내가 "마음이 불편해졌다."라고 한다. 그리고 기다린다. 궁금해진 아이는 당신에게 무엇이 불편한지를 물어올 것이다. 그러면 "네가 이렇게 말을 _(행동을) 했는데 엄마는 그것이 마음에 걸렸다."라고 말한다. 그때 아이는 어째서 그렇게 느꼈는지 되물을 것이다.

단계별로 천천히 물속에서 양파의 껍질을 벗기듯이 진행을 해야 갑자기 내 분노의 화산이 터지고 아이는 살기 위해 격렬하게 사춘기에 대해 반응하거나 도피하는 '실패 시나리오'를 피해갈 수 있다. 나를 화나게 한 말이나 행동에만 초점을 맞춰야 한다. 아이의 성격, 과거에 섭섭했던 일, 그리고 아이와 친구 가족과 같은 다른 사람은 끌어들이면 안 된다.

자녀가 사춘기라고 해도 평소에 아이의 자신감과 자존감을 찾아주면 사실 화를 낼 일이 별로 없다. 자녀를 그냥 사람 자체로 받아들이면 아이에게 과도한 기대를 해서 화가 나는 일을 많이 줄일 수 있다. 내가 자녀를 움직일 수 없다면 내가 나를 움직일 수는 있다.

자녀에게 좋은 일이 생기면 좋고, 나쁜 일은 예방주사라고 이야기해주자. 아이에게 긍정적 사고를 심어주는 것이 중요하다. 긍정은 좌절의 의미를 바꿔주고 좌절을 견디는 힘을 기르도록 도와준다.

과거에 일어난 일을 돌이켜 바꿀 수는 없다. 과거를 되씹으며 후회하는 순간 현재를 소비하게 된다. 과거 아이의 모습에 사로잡혀 현재를 낭비하면 후회해야 할 과거의 덩어리가 늘어나게 된다. 과거에서 벗어나 현재의 눈으로 아이를 살펴야 한다.

말을 잘하는 것과 잘 말하는 것은 다르다. 말을 잘하는 것은 말솜씨가 좋은 것이고, 잘 말하는 것은 상대에게 솔직하게 내 마음을 전하는 것이다. 자녀가 솔직하게 말하기는 쉽지 않다. 말을 꺼내기 전에 마음속에서 하고자 하는 말을 자신의 식으로 편집하기 때문이다.

부모에게 들은 말 중에 가장 상처가 된 말이 뭐냐고 물으면 많은 아이가 '존재를 부정하는 말'이라고 답한다. 부모가 어떻게 그런 말을 할까 싶지만 이런 말을 하는 부모가 많다.

"넌 누굴 닮아 그 모양이니?"
"나가 죽어라."
"내가 너를 낳고 미역국을 먹다니…."
"너도 너랑 똑같은 자식 낳아봐라!"

아이는 많은 상처를 받는다. 이런 말을 들은 아이들은 자존감이 낮아져 자신을 소중히 여기지 않게 된다. 아이에게 상처 주는 말을 하지 말고 먼저 아이의 사소한 이야기에 귀를 기울이도록 노력해야 한다.

엄마 아빠의 사춘기 공부 실전연습

★ 아이의 사소한 이야기에 귀 기울여줘야 한다.

아이가 사춘기를 겪고 있는 가정이라면 부모와 자녀의 갈등이 심해진다. 아이는 부모에 대한 애착에서 벗어나 또래 친구들에게 의존하기 시작한다. 부모가 가지고 있는 가치관을 부정하고 의문을 제기하기도 한다. 아이에게 가르치려 하지 말고, 아이의 입장에서 공감하면서 이야기를 들어줘야 한다.

5
화부터 내지 말고
차분하게 부모의 생각을 말하자

만약 당신의 아들딸에게 단 하나의 재능만 줄 수 있다면 열정을 주어라.
- 브루스 바튼

새는 날아가면서 뒤돌아보지 않는다

류시화의 『새는 날아가면서 뒤돌아보지 않는다』에는 이런 말이 나온다.

""사람들은 왜 화가 나면 소리를 지르는가?"

"사람들은 화가 나면 서로의 가슴이 멀어졌다고 느낀다. 그래서 그 거리만큼 소리를 지르는 것이다. 소리를 질러야만 멀어진 상대방에게 자기 말이 가닿는다고 여기는 것이다. 화가 많이 날수록 더 크게 소리를 지르는 이유도 그 때문이다. 소리를 지를수록 상대방은 더 화가 나고, 그럴수록 둘의 가슴은 더 멀어진다. 그래서 갈수록 목소리가 커지는 것이다."

스승은 처음보다 더 크게 소리를 지르며 싸우는 남녀를 가리키며 말했다.

"계속해서 소리를 지르면 두 사람의 가슴은 아주 멀어져서 마침내는 서로에게 죽은 가슴이 된다. 죽은 가슴엔 아무리 소리쳐도 전달되지 않는다. 그래서 더욱더 큰 소리로 말하게 되는 것이다.'"

나도 예외가 아니었다. 내가 원하는 방향을 설정해놓고 아이가 말을 듣지 않으면 불같이 화를 냈다.

계절은 어김없이 흘러 사계절을 반복한다. 봄인가 싶었는데 여름이 오고 여름 한가운데 장마를 맞이하고 불볕더위를 맞이한다. 해를 머리에 이고 있는 듯 작열하는 태양 아래 잔디광장을 걷는 느낌은 스펀지처럼 폭신거린다. 해가 지고 난 후에도 폭신거리는 느낌은 아스팔트 도로와는 다르다. 해마다 어김없이 매미가 찾아오고 매미의 울음이 그치면 여름은 간다. 가을이 오면 추석을 맞이하고 시원함을 느끼고 나면 겨울이 오는 것이다. 차례대로 순환하는 날씨와 생각은 늘 같은 아침을 맞이한다. 사계절이 순환하는 자연의 법칙은 아이가 사춘기를 자연스럽게 맞이하면서 겪어야 하는 인생과 같다.

나쁜 부모는 있어도 나쁜 아이는 없다

나쁜 부모는 있어도 나쁜 아이는 없다고 한다. 아이 스스로 뭔가를 할 기회를 주고 아이가 뭔가를 요구할 때까지 참고 기다려야 한다. 어미 닭은 껍질 속에 있는 병아리가 먼저 소리를 내야만 도와준다고 한다. 안에서 소리가 나지 않으면 절대 먼저 알껍데기를 쪼지 않는다. 병아리가 껍데기를 깨지 않았는데 어미 닭이 나서서 알껍데기를 깨주면 병아리는 병약해서 죽고 만다.

병아리는 힘겹게 알을 깨는 통과의례를 거쳐야 세상을 살아갈 힘을 얻는다. 많은 부모는 자신이 살아오면서 수많은 시행착오를 겪었기 때문에 부모 처지에서는 자녀가 지름길이자 편한길로 가게 해주고 싶은 마음에 많은 것을 해준다.

그래서 '헬리콥터 맘, 잔디 깎기 맘'이 있는 것이다. 엄마는 자녀를 위해 모든 것을 해준다. 엄마의 희생이 자녀를 위해 옳은 것인지 짚어봐야 할 부분이다. 부모는 아이를 위해 희생하면서 살아간다. 이러한 희생에도 알맞은 시기와 적절한 정도가 있다. 아이들도 부모의 전적인 희생을 원하지 않는다.

자녀를 위해 엄마 자신의 모든 것을 걸 만큼 희생하는 삶을 살면 안 된다. 엄마의 희생으로 아이의 올바른 성장을 가로막을 수도 있게 된다. 희생이라는 이름이 아이의 성장을 가로막는 과보호가 된다. 시행착오를 겪으면서 나아가는 아이가 마음의 근육을 키우게 된다.

부모의 공감 능력이 아이의 공감 능력을 키우게 된다. 화를 내지 않고 차분하게 엄마가 아이에게 공감해주면 아이의 자존감은 높아지고 자존감이 공감 능력을 키우게 된다. 공감 능력이 높은 아이는 부모와의 관계도 좋다. 공감 능력이 뛰어난 아이는 의사소통 능력도 뛰어나다. 10대 자녀들을 키우는 부모가 삼가야 할 것은 욱하는 것이다.

10대들은 욱할 일이 주변에 많다. 대부분 10대의 부모들은 아이들 때문에 처리해야 할 일이 많을 것이다. 어떤 상황에서도 냉정한 태도를 잃지 않고 상황에 대처하는 방법을 보여줘야 한다. 아이에게 자제력을 가르치는 좋은 방법은 부모가 먼저 자제하는 모습을 보이고 자제심을 잃게 되면 닥칠 수 있는 결과를 보여주는 방법이다.

아이의 말에 귀 기울이고, 용기를 북돋아주고, 아이의 뜻을 지지해주며 응원해준다면 아이가 느끼는 부모의 가치는 달라질 것이다. 지식은 어떤 대상에 대하여 배우거나 실천을 통하여 알게 된 명확한 인식이나 이해이고 지혜는 사물의 이치를 빨리 깨닫고 사물을 정확하게 처리하는 정신적 능력이다. 아이에게 지식을 익히는 것에 대해 강요하기보다는 지혜를 가르치는 현명한 부모가 되어야 한다.

마크 맨슨의『신경 끄기의 기술』에는 이런 내용이 나온다.

> "우리는 항상 '경험'을 책임지며 살아간다. 그것이 '내 잘못'으로 생긴 일이 아니라 할지라도, 이것은 삶의 일부다.
>
> 책임과 잘못이라는 개념의 차이를 이렇게 볼 수도 있다. 잘못은 과거 시제고, 책임은 현재 시제다. 잘못은 과거에 선택한 것의 결과이며, 책임은 지금 이 순간 선택하는 것들의 결과다. 당신은 이 책을 읽기를 선택하고 있다. 이 개념들을 생각하기를 선택하고 있다. 이 개념들을 받아들이거나 거부하기를 선택하고 있다. 당신이 내 발상을 설득력 없다고 생각하는 건 아무도 내 잘못일 거다. 하지만 당신이 스스로 어떤 결론을 내리는 건 당신 책임이다."

아이는 부모의 거울이다. 실수는 사람이라면 누구나 한다. 나도 모르게 입을 열었다가 후회하는 경우도 있다. 무심결에 화가 나서 내뱉은 말은 자상한 말도 아니고 그냥 듣고 넘어갈 말도 아닐 것이다. 이럴 때는 말을 다시 주워 담을 수 없으니 아이에게 먼저 미안하다고 사과를 해야 한다.

아이들에게는 엄마의 말뿐만 아니라 행동도 중요하다. 부모가 자신을 낮추고 잘못을 인정하면 아이를 한 사람으로 존중하고 있으며 자존감을 높여주게 된다. 아이는 늘 부모의 기대에 어긋나지 않기 위해 노력한다.

사춘기가 몰고 오는 바람에 휘말리는 것이다. 이때 부모가 지혜롭게 행동해야 한다. 가장 중요한 것은 아이에 대한 말을 아껴야 한다는 것이다.

이진아의 『지금 내 아이 사춘기 처방전』에는 이런 내용이 나온다

"'내가 알아서 하겠다.'라는 말은 부모와 자녀에게 다른 의미로 쓰인다. 부모 입장에서는 자식에게 무시를 당하는 것 같아 상처가 된다. 사춘기를 겪고 있는 아이들의 '알아서 한다.'라는 말은 다 알아서 해결하겠다는 의미보다는 더 이상 부모의 잔소리를 듣고 싶지 않다는 표현일 뿐 절대 무시하는 것은 아니라 한다. 그러나 듣는 부모는 그 한마디에 상처를 받는다.

문제는 아이들이 부모가 상처받는다는 것을 모르고 이해조차 하지 못한다는 것이다. 아이가 반복적으로 격하게 나온다면 서로 감정에 휘둘리지 않을 때 아이에게 부모도 상처받는다는 이야기를 해주는 것이 좋다. 부모가 자기 때문에 상처받을 수도 있다는 이야기를 직접 듣고 나면 아이도 조심하려고 노력하게 된다는 것이다."

아이와 부모가 서로 상처 주지 않으려고 서로 노력하는 것이 중요한 부분이다.

★ 아이가 죽음과 자살을 이야기할 때 어떻게 하면 될까요?

사춘기 때 아이는 급격한 변화로 스트레스가 많고 정서적으로 불안정하며 내적갈등이 많다. 심리적으로 부적응한 행동이나 말을 방치하면 안 된다. 사춘기에는 불안장애나 우울장애가 많이 나타난다고 한다. 아이의 마음을 열어주는, 소통을 위한 대화를 해야 한다. 아이의 자존감을 높여주고 정체성을 바로잡아주어야 한다.

6
부모가 양보해야 할 것을 생각하자

지혜로운 사람은 말해야 할 것이 있을 때만 말을 하지만
바보는 무언가를 말해야 하기 때문에 말한다.
- 플라톤

신경 쓰이는 자녀와의 대화

작은아이가 어렸을 때 국립 청소년 우주센터인 고흥 나
로도에 캠프를 신청한 적이 있었다. 국립 청소년 우주센터를 가기 위해
버스가 대기 중인 순천터미널까지 아이를 데려다주고 나오는 길에 순천
만 자연 생태공원에 들렀었다. 거대한 갈대밭이 장관이었다. 갈대 머릿
결 사이로 철새가 군무를 추고 있었다. 물길 따라 순천만 갈대밭의 끝은
바다가 무리 지어 있는 갈대의 군상이다. 왜가리 한 쌍 유유히 짝짓는다.
낙조로 일몰 잿빛의 하늘은 순천만을 품고 있다. 갈대 너머 사이 물보라
가득하다. 갈대숲 사이 펼쳐진 길을 걷다 보니 용산전망대 펼쳐져 있는

순천만의 갈대밭 바람과 비와 갈대가 몰고 오는 1월의 냄새, 자연의 냄새와 소리가 도처에 널려 있다. 도둑게, 짱뚱어 등 갯벌 위로 군락지 철새가 무리 지어 날아다닌다. 순천만의 자연 생태공원은 자연의 선물이다.

가을이 남기고 간 흔적처럼 갈대 타는 냄새가 난다. 비에 젖어드는 갈대가 보인다. 속살을 보여주는 드러낸 갯벌이 환하게 눈이 부시다. 순천만 강물 사이로 오리가 머리를 박고 있다. 흑두루미는 군무를 추고 있는 것처럼 무리 지어 있다. 빈자리에 반짝이는 오리의 흔적, 나무들 위에 안개와 구름이 있다. 물가에는 기억 저편에 유년 시절의 아이들이 있다.

태양의 열기에 새들은 부리가 단단해진다. 강물 밑의 여물지 않은 감정은 마무리할 수 없다. 우리의 인생은 매 순간 선택을 해야 한다. 유년 시절의 아이들은 자라서 사춘기를 겪고 어른이 되어가는 성장을 겪는다.

마크 맨슨의『신경 끄기의 기술』에는 이런 내용이 나온다.

"알게 모르게, 우리는 항상 신경 쓸 무언가를 선택한다. 신경 끄기는 인간의 본성이 아니다. 사실, 인간은 본성상 과도하게 신경을 쓰게 돼 있다. 나이가 들어 경험이 쌓여 가면서, 이런 것들이 우리 삶에 별다른 영향을 미치지 않음을 깨닫는다. 예전에 귀담아들었던 조언이 이제는 기억도 나지 않는다. 당신에는 고통을 안겨줬던 거절이 결국엔 오히려 좋은 결과로 이어진다. 사람들은 내 일거수일투족 따위엔 관심 없다는 사실을 깨닫고 그것들에 집착하기를 그만둔다."

아이도 마찬가지다. 나 자신이 집착하는 만큼 아이는 힘들어한다. 아이가 배려하는 모습으로 만들려면 엄마가 먼저 배려하는 모습을 보여야 한다.

불교의 가르침에 따르면 '자아'란 각자가 제멋대로 만들어낸 관념일 뿐이며, 우리는 내가 존재한다는 생각 자체를 버려야 한다. 다른 말로 하면, 자의적인 기준으로 자신을 규정하는 행위는 사실상 자승자박이나 마찬가지이니 차라리 모든 것을 놓아버리는 편이 낫다는 뜻이다. 어떻게 보면, 신경 끄라는 소리다. 좀 삐딱하게 들리지만, 이런 마음가짐으로 살아갈 때 얻을 수 있는 심리적 이점이 있다. 머릿속에 담고 있는 자아상을 버리면, 자유롭게 행동하고 실패하며 성장할 수 있다. 스스로 인간관계에 서툰 것 같다고 있는 그대로 받아들이면, 그 순간 당신의 에너지를 갉아먹던 수많은 관계에서 자유로워질 수 있다. 사회적인 사람이 되어야 한다는 당신의 정체성이 사라지기 때문이다.

아이가 부모를 판단하는 시간

아이는 엄마가 자신을 어떻게 대하는지를 보면서 자기가 어떤 사람인지를 판단한다. 자존감은 엄마의 순수한 애정만으로도 자존감이 형성될 수 있다. 부모의 자녀에 대한 사랑은 자존감의 가장 필요한 조건이다. 부모와의 애착이 잘 형성되어 있으면 아이는 편안하게 받아들이기 때문에 자존감과 더불어 중요한 긍정적인 자아상과 세상에 대한 신뢰도 생겨나게 된다.

아이가 하고 싶은 생각과 일을 아이의 생각대로 하게 두라는 것이 자존감의 높은 아이들의 부모가 하는 말이다. 아이가 스스로 성공한 경험은 많은 영향을 미친다. 성공에 대한 만족과 희열을 의미를 가지고 받아들이면 자신에 대한 효능감이 생기게 되고, 새로운 일에 도전하고 싶은 동기가 일어난다. 성공을 경험하는 것은 자존감 형성에 큰 영향을 미친다.

대화하는 동안 부모가 양보해야 할 3가지 주의 사항이 있다.

첫째, 자녀에게 하는 말투를 바꿔보자. 자녀에게 명령조로 말하면 안 된다. 부탁조로 말해야 한다. "네 방 좀 치워라!" 대신 "네 방을 치워주면 엄마가 많이 편해질 것 같은데, 좀 치워주지 않을래?"로 바꿔보는 것이다.

두 번째, 자녀가 실수를 해도 너그럽게 봐줘야 한다. 학교에서 수행평가 점수가 좋지 않게 나와도, 학교 준비물을 빼먹어도 괜찮다고 이야기해준다. 자녀가 실수하는 것이 싫어서 미연에 방지하려 하면 수행평가 점수를 잘 받아야 된다거나 준비물을 꼭 챙겨야겠다는 생각을 스스로 할 수 없게 된다. 자녀에게 규칙이나 해야 할 일을 알려주는 것은 한 번으로 족하다. 자녀는 실수하면서 학교생활을 배워나가게 되는 것이다.

세 번째, 자녀에게 잔소리하지 말고 믿어야 한다. 자녀에 대한 잔소리와 간섭에는 자녀가 잘하지 못할 것이라는 생각이 깔려 있다. 자녀의 능력을 믿어줘야 한다. 어른만큼 완벽하지는 않지만, 자녀 혼자서도 충분히 잘할 수 있다. 자녀의 장점을 항상 마음속에 품고 있으면 아이를 간섭하고 싶은 것보다 칭찬하고 격려하고 싶은 마음이 생길 것이다.

나의 유년 시절을 돌이켜보면 비교적 자유롭게 자랐던 것 같다. 사춘기라는 의미보다는 정체성에 대해 의문을 갖고 학교 친구가 마음속에 깊숙이 자리 잡았던 시기였던 것 같다.

영화 〈써니〉를 관람했을 때 나의 학창시절이 떠올라 많은 공감을 했던 기억이 있다. 영화 속 내용은 전라도 벌교 전학생 나미는 긴장하면 터져 나오는 사투리 탓에 첫날부터 날라리들의 놀림감이 된다. 이때 범상치 않은 포스의 친구들이 어리바리한 그녀를 도와준다. 그들은 진덕여고

의리 최고 춘화, 쌍꺼풀에 목숨 건 못난이 장미, 욕배틀 대표주자 진희, 괴력의 문학소녀 금옥, 미스코리아를 꿈꾸는 사차원 복희 그리고 도도한 얼음공주 수지. 나미는 이들의 새 멤버가 되어 경쟁그룹 '소녀시대'와의 맞짱대결에서 할머니로부터 전수받은 사투리 욕 신공으로 위기상황을 모면하는 대활약을 펼친다. 7명의 단짝 친구들은 언제까지나 함께하자는 맹세로 칠 공주 '써니'를 결성하고 학교축제 때 선보일 공연을 야심차게 준비하지만, 축제 당일 뜻밖의 사고가 일어나 뿔뿔이 흩어지게 된다.

지워야 하는 기억인데도 세월이 갈수록 더 생각나는 것은 무슨 까닭일까? 기억 속에는 과거에 대한 지나온 시간이 추억으로 담겨 있다. 과거에 대한 비움이 없이는 새로운 것이 기억이 들어가기가 힘들다. 친정엄마는 비우고 버려야 새로운 것이 들어오는 법칙을 알지 못하고 과거의 기억을 되새김질하시며 회한을 담아두고 사신다. 그러면서 나의 유년 시절은 사춘기 없이 지나간 것 같다고 하신다.

지금은 두 자녀의 엄마가 되어 큰아이의 사춘기를 혹독하게 겪고 아직은 작은아이의 사춘기를 겪는 중이다. 대화하는 동안에도 아이들에게 양보해야 할 것을 생각하는 나이가 되었다. 나의 사춘기는 무난하게 지나간 것 같다. 돌이켜 생각해보면 부모님도 자신들의 욕심을 나에게 투영하지 않고 공부하라고만 말씀하셨던 것으로 기억한다. 자아가 형성되는 시기였고 크게 반항하지 않아 무난하게 학교생활을 했다. 학교를 졸업하고 사회생활을 하면서 어른이 되어 뒤늦게 찾아왔던 자아 정체성에 대하여 잠깐 고민한 적이 있다.

부모가 아이에게 공감의 문을 열어주면 아이의 자존감은 높아지고 이 자존감이 공감 능력을 키워준다. 부모는 아이를 위해 많은 것을 희생한다. 그러나 아이들은 부모의 무조건적이거나 전폭적인 희생을 원하지 않는다. 희생의 이름으로 아이에게 무조건 맞춰주는 맞춤형 엄마보다는 아이에게 양보해야 할 것을 대화를 통해 조율할 수 있는 현명한 부모가 되어야 한다.

엄마 아빠의 사춘기 공부 실전연습

★ 대화를 하는 동안 부모가 양보해야 할 것을 생각하자.

첫째, 자녀에게 하는 말투를 바꿔야 한다.
둘째, 자녀가 실수를 해도 너그럽게 봐줘야 한다.
셋째, 자녀에게 잔소리하지 말고 자녀를 믿어야 한다.

7
아이만의 특별함을 찾아내 칭찬해주자

다른 사람들의 약점에 대해서 논하지 말고 자신의 약점에 대해서 낙담하지 마라.
실수할 때마다 그것을 받아들여 고치고 그 실수로부터 배워라.
- 스티븐 코비

 ## 아이의 사생활을 들여다보기

EBS 아이의 사생활 제작팀의 『아이의 사생활 1』에는 이런 내용이 나온
다.

"평범한 휴대전화 외판원에서 오페라 가수가 된 폴 포츠는 첫 내한
공연에서 이런 이야기를 했다.

"예전에 슈퍼마켓에서 일할 때였습니다. 주인이 '그라나달라'라는

과일을 먹어보라고 권했죠. 하지만 먹고 싶지가 않았습니다. 맛이 없어 보였거든요. 결국, 먹게 됐는데 정말 맛있는 과일이었습니다. 음반사에서 '에브리바디 허츠'라는 곡을 불러보라고 권했을 때도 마찬가지였습니다. 확신이 없었거든요. 그런데 부르고 나니 제가 가장 좋아하는 노래가 됐습니다."

자존감을 위해 아이가 겪어야 할 성공과 실패의 경험은 포츠가 말한 처음 먹게 되는 과일, 처음 부르게 되는 노래와 같은 것일 수 있다. 성공이냐 실패냐 하는 문제보다 해보느냐 해보지 않느냐가 관건이다. 막상 해보게 되면 우리가 미리 생각했던 것보다는 일이 쉽게 풀릴 수도 있다. 아이가 성공과 실패를 경험하게 하기 위해서는 부모가 좀 더 대범해질 필요가 있다. 아이를 믿고 뭐든 도전해보게 하되, 실패해도 된다는 것, 다시 하면 된다는 것을 말해주면 된다."

부모는 아이가 스스로 원하는 일을 할 수 있도록 독려하고, 실패하면 그 자리에 주저앉지 않도록 격려해주며, 성공하면 아낌없이 칭찬해주기만 하면 된다. 아이는 살아가면서 앞으로 여러 가지 도전을 하게 될 것이다. 성공의 경험을 통해서 더 큰 자신감과 자존감을 획득할 것이고, 실패의 경험을 통해서는 인내와 강한 정신력을 키워, 다음 기회를 즐겁게 맞이하게 될 것이다.

우리의 아이들에게도 자신만의 특별한 장점이 있다. 아이만의 특별함을 찾아내 칭찬해주려면 아이의 자존감이 높아야 한다. 자존감이 낮은 아이는 평소 컴퓨터 게임에 지나치게 몰입하고 혼자 하는 활동을 많이 하는 편이다. 자존감이 높은 아이들은 혼자 보내는 시간보다 친구들과 여러 가지 여가활동을 많이 한다.

또한 부모들과 보내는 시간이 많은 편이다. 다시 말하면 자존감이 낮은 아이는 한 가지 활동만 몰입하고 즐기지만. 자존감이 높은 아이들은 다양한 활동을 균형감 있게 하는 면을 보여준다.

교육심리학자인 제르맹 뒤클로(Germain Duclos)는 자아 존중감을 높이는 4가지 키워드를 '자신감, 긍정적인 자아상, 소속감, 능력에 대한 자부심'으로 보았다. 이 이론에서도 '성공은 자신감과 능력에 대한 자부심을 키워주고 칭찬은 긍정적인 자아상과 소속감을 길러준다'고 주장한다. 따라서 성공과 칭찬의 경험은 많으면 많을수록 좋다.

칭찬으로 커가는 아이들

호르몬 폭발기를 겪고 있는 사춘기 자녀를 키우는 것은 자녀로부터 협동을 얻어내는 일이다. 자녀의 말에 귀를 기울이고, 용기를 북돋아주고, 자녀의 뜻을 지지해주면서 강하게 나갈 땐 강하게 나가고 책임도 지게 해야 한다.

부모들은 자기 자녀에게 기대한다. 모든 과목에서 만점을 맞아오기를 희망하는 부모도 있고 최고의 가수나 뛰어난 운동선수가 되기를 희망하는 부모도 있다. 10대에게는 무엇이든 잘할 수 있다고 용기를 북돋아주며 긍정적인 기대를 하는 것이 좋다. 하지만 자녀에게 기대치를 너무 높게 세워 놓으면 자녀의 자존감은 낮아지게 된다.

자녀와의 관계 개선을 위해 진심으로 달라지고 싶다면 지금 이 순간부터 다르게 행동해야 한다. 과거에 해오던 행동을 현재에도 고수하면 자녀와의 관계는 돌이킬 수 없을 정도로 힘들어진다. 부모가 조금만 바뀌어도 자녀의 태도는 엄청나게 달라질 수 있게 된다.

유대인의 교육법은 형제 · 자매를 전혀 다른 인격체로 보고 절대 다른 자녀와 비교하지 않는다는 것이다. 유대인들은 자녀들에게 남보다 우월해지라고 가르치는 게 아니라 남과 다른 사람이 되라고 가르친다. 유대인 부모들이 관심을 갖는 것은 자녀들의 능력이 아니라 개성이기 때문이다. 그래서 자녀 각자가 가진 개성과 재능을 꽃피울 수 있도록 도와주려 애쓴다. 자녀가 가진 고유의 개성과 기질을 존중해주는 부모가 자녀의 그릇을 크게 키울 수 있게 된다. 자녀의 특별함을 찾아내게 되는 것이다.

사람들은 탄생과 동시에 이름을 부여받는다. 모든 사물에는 부여된 이름이 있다. 제각기 부여된 이름에 대하여 꽃은 꽃말로 다시 태어난다. 꽃

말의 의미를 되새기면 그 의미대로 행복을 가져온다고 느껴진다. 꽃에 대하여 우리가 알고 있는 것은 몇 가지나 되는가. 길가에 피어난 야생화도 이름이 있다.

봄이면 봄에 열리는 진달래, 개나리, 철쭉, 벚꽃 등으로 나무는 부러질 듯하다. 거리마다 봄꽃은 만발한다. 여름이면 여름에 열리는 꽃으로, 가을이면 가을에 열리는 꽃으로 피어난다. 잎은 단풍으로 물든다. 겨울이면 겨울 매화들은 계절의 이름을 걸고 태어난다. 아이들도 아이들만의 특별함이 있다. 아이들은 누구나 장단점을 골고루 가지고 태어난다. 부모가 완벽한 부모가 아니듯이 아이들의 단점을 지적하고 바꾸려 하기보다는 아이의 특별함을 찾아내 새로운 기회를 보는 프레임이 필요하다.

동화작가 댄 그린버그(Dan Greenburg)는 비교가 우리 삶에 미치는 영향에 대해 이렇게 말했다.

"비교는 당할수록 사람을 더욱 불행하게 만든다. 내 아이가 정말 불행하기를 바란다면 주변에 괜찮은 아이, 장점이 많은 형제와 비교를 해줘라."

비교라는 늪에 빠져 내 아이를 불행하게 만들면 안 된다. 자녀에게 휘말리지 않고 침착하게 대처하는 방법은 어떤 상황에서도 기분 나쁘게 받아들이지 않는 것, 평상심과 침착함을 유지하는 것, 자녀가 하는 말을 잘 들어주되 자녀가 걸어오는 싸움에는 맞서지 말 것, 자녀가 물어봤을 때만 자녀에게 도움이 될 만한 조언을 해줄 것, 자녀에게 이래라저래라 간섭하지 않는다.

부모가 아이의 착한 심성을 헤아려주고 인정해주면 아이의 자존감은 높아져서 힘든 상황을 극복할 용기와 힘을 얻을 수 있게 된다. 칭찬이든 격려든 부모의 말 한마디가 아이를 변하게 만든다.

그러므로 당신 자녀만의 개성과 장점과 특별함을 찾아내 칭찬해주어야 한다.

엄마 아빠의 사춘기 공부 실전연습

★ 사춘기는 아이만의 특별함을 찾아내 칭찬해줘야 한다

사춘기 시기의 아이들은 비교당하는 것을 싫어한다. 비교는 당할수록 더 불행해진다. 부모가 완벽한 부모가 아니듯이 아이들의 단점을 지적하고 바꾸려 하기보다는 아이의 특별함을 찾아내 새로운 기회를 보는 프레임이 필요하다.

8
아이의 말에 숨은 속마음을 읽자

아무리 재능이 뛰어나더라도 노력하지 않으면 평범한 사람으로 머물 수밖에 없다.
- 앤드류 카네기

사춘기의 속마음

데이비드 시버리의 『걱정 많은 당신이 씩씩하게 사는
법』에는 이런 내용이 나온다.

"젊었을 때 나는 주위 사람들에게 변함없는 우정이나 영구적인 감
동 같은, 그들이 줄 수 있는 것 이상을 끝없이 요구했다. 이제 나는
그들이 줄 수 있는 것보다 훨씬 적게 요구할 수 있다. 가령 아무 말
없이 같이 있어 주는 것만으로도 그들의 감동, 사랑을 온몸으로 느끼
는 것이다. 알베르 카뮈의 말이다."

나는 딸아이에게 사춘기 시절 공부를 강요하면서 이루지 못한 나의 꿈을 강요했던 엄마였다. 아이의 숨은 속마음은 외면한 채 소통이 되지 않아 답답했던 나는 도서관과 서점을 찾아 아이에 관련된 교육서를 읽으면서 책 읽기로 입문했다. 책을 들여다보고 책에서 나오는 책으로 가지를 치며 본격적으로 읽었다. 딸아이에게 자존감이 생기며 착하게 내 말을 듣던 딸이 아니라, 하나의 인격체로 성장하고 있다는 것을 알게 되었다. 책을 읽으면서 새롭게 깨우치게 된 것이었다.

아이를 열어 둔 마음으로 존중해도 엄마가 아이에게 잔소리 해야 하는 상황은 꼭 발생한다. 그러한 상황이 된다면 잔소리는 최대한 짧게 말해야 한다. 부모님들은 아이의 잘못을 들춰내어 강조하며 길게 잔소리를 늘어놓는다. 잔소리를 많이 하다 보면 아이의 자존감을 낮추는 말을 하기 쉬워진다.

"왜 이렇게 지저분해. 넌 항상 왜 이 모양이니? 엄마한테 반항하는 거야? 이렇게 놔두면 동생이 다칠 수도 있잖아. 당장 정리하지 못해. 아이고, 지겨워."

"장난감 좀 정리해줄래?"이라고 짧게 말하면 될 것을 길게 말해버리는 것이다. 단점은 짧게 장점은 길게 말하는 것이 아이를 존중하는 대화의 핵심이다.

기다림의 미학

사춘기를 겪고 있는 자녀는 친구들도 일상을 견디는 것처럼 매일 견디는 것이 학교생활을 잘하는 것임을 잘 알고 있으면서도 생각처럼 실행되지 않는 자괴감 때문에 하루하루 견디는 것이 힘든 것이 아닐까?

매일 자신의 달라지는 모습을 확인하고 싶은 것이 자녀가 원하는 것인데 부모와의 대화가 단절되고 사춘기의 감정으로 인해 자신은 위축되고 자존감은 낮아지고 있다. 아이에게 부담을 주는 말은 피해야 한다. 그런 말은 부모와 아이의 대화를 단절시킨다.

"대나무 중 최고로 치는 '모죽(毛竹)'은 씨를 뿌리고 5년간은 죽순이 자라지 않는다고 한다. 정성을 다해 돌봐도 살았는지 죽었는지 꿈쩍도 하지 않는다. 그러다 5년이 지난 어느 날부터 손가락만 한 죽순이 돋아나기 시작해 하늘을 향해 뻗어 간다. 하루에 70~80cm씩 쑥쑥 자라기 시작해 6주 무렵에는 30m까지 자라나 웅장한 자태를 자랑한다.

정지한 시간처럼 보이는 5년간 모죽은 성장을 멈춘 것일까. 의문을 가진 사람들이 땅을 파봤더니 대나무 뿌리가 땅속 사방으로 10리가 넘도록 뻗어 있었다고 한다. 6주간의 성장을 위해 무려 5년을 은거하며 내실을 다져왔다니 참으로 경이로운 일이다. 하기야 이렇게 탄탄히 기초를 다졌으니 그 거대한 몸집을 지탱할 수 있는지도 모른다고 한다."

-"기다림의 미학" 〈서울경제신문〉 2015. 01. 26.

사춘기 자녀도 기다림의 미학이 필요할 것이다. 아무 변화가 없어 보여도 자녀들은 사춘기를 통하여 폭발적으로 비약한다. 모죽이 성장을 위해 5년을 인내하는 것처럼 현재 자녀와의 사춘기를 견뎌낸다면 언젠가는 모죽처럼 잘 자라고 있는 아이의 숨은 속마음을 발견할 수 있을 것이다.

엄마 아빠의 사춘기 공부 실전연습

★ 아이의 말에 숨은 속마음을 읽어라

아무리 아이를 열린 마음으로 존중한다고 해도 엄마가 잔소리해야 할 상황은 있다. 그럴 때는 최대한 짧게 말한다. 보통 부모들은 아이의 잘못을 강조한다는 이유로 길게 잔소리를 늘어놓는데, 그러다 보면 아이의 자존감을 낮추는 말을 하기 쉽다.

셋째 시간_사춘기 아이와 싸우지 않고 대화하는 법 • 173

넷째 시간

사춘기
걱정과 불안을
없애주는
부모 행동 코칭

1
긍정적인 자존감을 갖게 하라

바람이 불지 않을 때 바람개비를 돌리는 방법은 앞으로 달려나가는 것이다.
- 데일 카네기

아이는 믿는 만큼 성장한다

EBS 아이의 사생활 제작팀의 『아이의 사생활 1』에는 이런 내용이 나온다.

"자신감은 자아 존중감의 기초이며, 자아존중은 자신감의 기초다. 자신감이 있으면 자아 존중감이 생기고, 자아 존중감이 있으면 자신감이 생긴다.

그런데 아이의 자신감 역시 자존감을 단단하게 세우는 토대인 '부모의 믿음'에서 나온다. 실수할 때마다 아이의 약점을 대놓고 야단치면 어떤 아이나 '나는 능력이 없다'라고 생각한다. 이런 일이 반복되면 아이는 모든 일에 소극적으로 변하고 늘 자신에 대해 비판적이며 자신의 결점을 강조하는 아이로 자라기 쉽다."

아이가 해낼 수 있다고 믿어라. 믿는 만큼 이루어진다. 아이의 자신감은 부모의 긍정적 사고에서 시작된다는 사실이다. 무엇이든 부정적으로 말하는 부모는 무엇이든 부정적으로 말하는 아이를 만들어 좀처럼 자신감을 키울 수 없게 만든다. 하지만 같은 상황이라도 긍정적인 눈으로 보면 희망이 보이고 자신감이 생긴다.

"내가 위대한 사람이 되려고 열망했던 것은 나에 대한 어머니의 믿음 때문이다."

프로이트의 말이다. 그는 또한 "인간은 강하다고 생각하는 만큼 강하며, 그들이 약하다고 생각하는 만큼 약하다. 무엇이든 믿는 만큼 이루어진다."라고 말했다.

아이가 존중받고 있다는 것을 느끼게 하려면 항상 아이가 원하는 것을 스스로 선택하게 해야 한다. 그리고 평소 대화 속에서 아이를 존중하는 마음이 느껴지게 해야 한다.

큰아이 일기장의 한 페이지

2012년 5월 15일 금요일

〈만약 나 같은 딸이 있다면〉

만약 내가 나중에 어른이 되어 결혼해서 나 같은 딸을 낳는다면 그 심정은 어떨까? 지금의 나를 낳아주신 우리 엄마의 심정 같겠지?

휴~ 생각만 해도 골치가 아플 것 같다. 지금의 우리 엄마 심정도 그럴까?

만약 나 같은 딸이 나에게 있다면 나는 화와 짜증을 잘 참지 못하므로 아마도 펄펄 화를 내면서 방방 뛸 것 같다. 매일 집이 조용할 날이 없을 것 같다.

우리 엄마께서도 나 때문에 스트레스를 많이 받으실 것 같다. 그리고 더군다나 요즈음 말도 잘 듣지 않고 철없게 굴어서 얼마나 힘드실까?

나는 이 주제에 대한 일기를 쓰면서 '엄마'라는 말이 직업으로 따로 있어야겠다는 생각도 들었다. 엄마라는 직업이 있다면 그 직업을 가지려는 사람이 별로 없을 것 같다. 그럼 우리 엄마는 얼마나 힘드실까? 그만큼 힘든 일 같다.

나는 이 일기를 쓰면서 엄마께 죄송한 마음이 들기도 하고 나 자신을 되돌아볼 수 있는 시간을 가지게 되었다. 앞으로는 누구도 힘들지 않게 열심히 하여 엄마를 기쁘게 해드리고 싶다.

딸아이의 사춘기를 맞이해 초등학교 때 예쁘기만 하던 아이가 나와 갈등을 겪으면서 모든 게 원점으로 돌아갔지만 어릴 적 마음은 순수했던 것 같았다.

아이는 사춘기를 통해 변화하고 성장한다

사춘기는 정서적, 심리적, 신체적으로 변화를 겪는 시기이다. 자녀의 가치관과 사고방식, 행동규범 등에 대해 자기 생각을 가지게 되면 자아정체감이 형성된다. 어렸을 때는 말을 잘 듣던 아이도 이 시기가 되면 자기 생각을 이야기하고 부모의 말을 잘 따르지 않는다. 그러면 부모는 당황하게 된다. 이후로는 아이의 행동을 반항으로 받아들이고 강압적으로 통제하게 된다. 아이가 말을 듣지 않았을 때 강압적으로 하는 것은 일시적으로는 효과가 있으나. 아이가 말을 듣지 않는 상황이 반복될 경우 강압의 수위가 점점 높아지는 것이다.

사춘기가 되어 아이가 통제되지 않을 때 분노가 치밀어 오르게 된다.

마음에서 분노가 치밀어 오를 때 아이와의 같은 공간에 있는 자리를 벗어나 몸의 생물학적 공격 반응을 이완하기 위해 깊은 심호흡을 하거나 조용히 산책하며 걷기를 권한다.

케빈 리먼의 『사춘기와 악마들』에는 이런 내용이 나온다.

"부모가 아이의 착한 심성을 알아주고 인정해주면 아이는 힘든 상황을 극복할 용기와 힘을 얻을 수 있다."

〈USA투데이〉에 "젊은이들, 섹스나 돈보다 칭찬을 좋아해."라는 제목의 기사가 실린 적이 있다. 이것은 282명의 학생을 대상으로 한 조사 결과이다.

"자존감이 높아질 때 느껴지는 행복감은 섹스, 술, 돈과 비교도 되지 않는 것으로 나타났다. 최근 대학생들을 대상으로 설문 조사를 한 결과, 칭찬에 대한 젊은이들의 욕구는 어떤 욕구나 바람에도 비할 수 없을 만큼 강한 것으로 밝혀졌다."

사실 나는 칭찬과 격려라는 말을 구분해서 쓰는 편이다. '격려'는 사람 자체에 중점을 두는 것이고 '칭찬'은 그 사람이 한 일에 중점을 두는 것이기 때문이다. 하지만 칭찬이든 격려든 부모의 한마디가 변화를 만드는 것만은 분명하다. 아이들은 부모가 하는 말을 통해 자신을 판단하고 느끼며 어려운 시기에 필요한 자신감을 느끼게 된다.

아이에게 부담을 주는 말은 피해야 한다. 부담을 주는 말을 아이에게 자주 하면 부모와 아이의 대화가 단절된다. 사춘기 때 아이를 진심으로 인정하고 있으면 조건 없이 사랑하고 있다는 것을 알려줄 방법을 찾아야 한다. 아이의 말을 잘 듣고 깊이 생각한 다음 부모의 생각을 말해야 한다. 실수하거나 잘못 말했을 경우 미안하다고 사과도 할 줄 알아야 한다. 아이들에게는 부모의 말과 행동이 중요하다.

부모가 자신을 낮추고 잘못을 인정하면 아이는 존중받는다는 느낌을 받아 자존감이 높아지게 된다. 어른이라고 자존심을 내세워 명령조의 말과 부정적인 말은 하면 안 된다. 명령어와 부정어가 나오면 아이와의 대화의 문은 닫히게 된다.

'세상에 변하지 않는 것은 없다. 오직 변하지 않는 것이 없다는 것만이 변하지 않는 진리다'

언제나 변하지 않는 것, 언제나 당연한 것은 없다. 당신의 자녀도 마찬가지다.

아이는 사춘기를 통해 변화하려 하고 성장하는 것이다.

박용후의『관점을 디자인하라』에는 이런 내용이 나온다.

"'내가 분명히 본 것' 또는 '내가 확실히 알고 있는 것'을 우리는 대부분 '진실'이라고 믿는다. 하지만 인간의 뇌는 의외로 허술한 구석이 많다. 인간의 뇌는 자주 착각을 하는데, 사람들은 그 착각을 진실로 받아들이는 경우가 많다. 우리가 안다고 생각하는 것, 확실하다고 믿는 것, 분명히 본 것처럼 느껴지는 것이 사실과 다른 경우가 많다는 말이다. 불행하게도 우리는 어떤 사실에 대해 안다고 생각하면 내가 아는 것과 다른 진실을 받아들이지 않으려고 한다."

우리가 '자녀를 안다'고 생각하지만 집에서의 모습과 집 밖에서의 아이의 모습은 다르다. 자녀에 대해 미처 보지 못하거나 깨닫지 못하고 스치는 것이 있다는 사실을 인정해야 한다.

류시화 시인의『지금 알고 있는 걸 그때도 알았더라면』에는 이런 내용이 나온다.

"사실 본질적으로 가치를 부여하는 것은 전적으로 그 사물을 해석하는 나 자신에게 있다. 과거에는 생각하지 못한 본질적 가치를 지금에야 깨닫게 되는 경우가 바로 그러하다. 즉 우리 스스로가 '지금 알았던 것을 그때 알았더라면'이라는 식의 아쉬움을 갖게 되는 것처럼 본질적 가치는 변할 수 있다는 뜻이다. 결국, 이것은 우리가 관념에 사로잡힐 필요가 없으며 과거의 고정 관념에 갇혀 스스로의 사고를 고착시킬 필요는 더더욱 없음을 말해준다."

아이가 부족하고 서툰 점이 보이더라도 잔소리를 하거나 강요와 억압으로 짓누르기보다는 조언을 해주고 긍정적인 언어로 동기부여를 해준다면 아이에게 긍정적인 자존감이 생길 것이다.

엄마 아빠의 사춘기 공부 실전연습

★ 긍정적인 자존감을 느끼게 해주는 방법

부모가 자신을 낮추고 잘못을 인정하면 아이는 존중받는다는 느낌을 받아 자존감이 높아지게 된다. 어른이라고 자존심을 내세워 명령조의 말과 부정적인 말을 하면 안 된다. 명령어와 부정어가 나오면 아이와의 대화의 문은 닫히게 된다.

2
아이의 이야기에 귀를 기울여라

결국 모든 것이 나로부터 시작되는 것이다. 나를 다스려야 뜻을 이룬다.
모든 것은 나 자신에게 달려 있다.
- 백범 김구

이야기에 귀 기울이기

대화의 신 '래리 킹'은 대화의 첫 규칙은 듣는 것이라고 했다. 말하고 있을 때는 아무것도 배울 수가 없다며 그는 대담 중 자기가 하는 말에서는 아무것도 배울 것이 없다는 사실을 매일 아침 깨닫는다고 말했다.

많은 것을 배우기 위한 길은 그저 상대의 말을 경청하는 것뿐이다. 대화의 90%는 경청이다. 아이와의 대화도 마찬가지이다. 아이의 이야기에 귀를 기울여야 한다.

두 아이가 초등학교 다니던 시절에 내가 집필한 동화를 소개한다. 시간의 소중함을 알려주려고 아이들을 위해 집필했던 동화이다. 호기심 가득한 눈으로 들려주는 동화를 들었던 아이들이 생각난다. 제목은 '키 크기 싫어'이다.

"'우지끈 우드드드득 툭!' 땅속 지름신이 움직이는 시간이다. 하루의 시작을 알리는 햇살의 빗장은 열리고 사람들이 바빠진다. 구상이는 매일 고민을 상의해야 하는 순간이 온다. 구상이가 자주 꿈꾸는 꿈속 할아버지의 모습이 있다. 앞머리는 숱이 많고 뒷머리는 대머리인 채 날아다니는데, 구상이에게 자주 들려주는 이야기가 있었다. 할아버지 이름은…. 구상이는 뒷머리만 어루만졌다. 안개가 내려앉은 구상이의 이마 너머로 억새의 머리가 하얗게 늙어갔다.

둥지에는 새끼 까치들이 입만 내밀고 이른 추위에 떨며 어미 새를 기다린다. '나는 왜 여기서 커야 하는 가로수일까?' 구상이가 중얼거린다. 해가 뜨는 시간은 구상이의 키가 크는 시간이다. 오늘 나는 얼마나 클까? 1cm일까, 아니면 2cm일까, 아니면 3cm일까? 지름신 할아버지 그만 크면 안 될까요? 구름 너머 가을의 단풍은 몽실몽실 솟아난다. '아! 오늘은 햇살도 물도 땅속의 친구들도 싫다. 그만 크고 싶다. 성장통이 오는 다리가 너무 아파.'

'우지끈 우드드드득, 툭.' 구상이의 머리 위 텃새 친구들이 구름 위로 이동하고, 간간이 참새 친구가 수다를 떨며 쉬어간다. 1년에 2번씩 '가로수 나무 정비' 작업을 통해 아저씨들이 나와서 구상이의 가지를 가위로 잘라준다. 가려운 등도 긁어주고 물로 샤워도 시켜주니 시원하다. 몸에 붙은 벌레도 떼어주고 약도 쳐준다. '에취, 참아야지. 몸살이 나는 것보다 매운 거 참는 게 낫지.' 약이 몸에 남아 있는 동안에는 벌레 친구들이 구상이의 몸이 매워서 덜 달라붙는다. 하지만…. 땅속으로 자라는 구상이의 다리는 줄여주는 사람이 없어 계속 자라난다. '아, 다리가 저려. 누구 없니?'보도블록 밑 다리 아래의 세상은 몸 위의 친구와는 다르게 기어 다니는 친구들 투성이다.

지렁이와 개미, 두더지, 모두 쉴 사이 없이 바쁘게 움직인다. '어이쿠' 지렁이가 앞을 보지 못해 구상이 다리에 부딪친다. "지렁아, 미안해. 나도 다리를 어찌할 수가 없네." 비바람이 들이치고 무섭게 비가 내리는 날은 구상이도 무서워 공포에 떤다. 피할 곳이 없어서 고스란히 비바람을 다 맞아 몸이 흠뻑 젖는다. 천둥과 벼락이 칠 때는 뚜껑이 되어주는 보도블록이 다리를 바깥세상으로부터 지켜준다. '우지끈 우드드드득, 툭.' 구상이의 몸에는 지름신이 돌아다닌다.

다시는 키가 크지 않으면 좋겠는데. 구상이의 다리는 갈 곳이 없다. 보도블록 위로 어린 친구들이 지나가면서 걸려 넘어지기도 한다.

어떤 날은 구상이 다리 위로 할머니들이 지나가셨다. 구상이를 보지 않고 서로의 얼굴들을 쳐다보며 수다 삼매경에 빠져 있다. 한 할머니가 "어이쿠!" 하며 몸이 옆으로 쏠린다.

"땅이 왜 이래?" 옆의 할머니도 "그러게…. 이상하네. 땅속에 땅귀신이 살고 있나? 우리를 붙잡네." 서로 마주보며 웃어댄다. 어느 날 손님 친구가 찾아왔다. 구상이가 있는 곳에서 보기 힘든 도마뱀 친구였다. "지리산에 놀러왔던 가족이 있었지. 지리산 노고단 정상으로 가는 계단 길목에서 젖은 몸을 말리기 위해 잠시 쉬면서 졸고 있었는데…. 정신을 차리고 보니 소년의 목소리가 뒷덜미에서 쩌렁쩌렁 울리는 거야. "엄마, 나 도마뱀 잡았어요! 우와, 신기해요. 내가 가지고 가서 키울래요." 도마뱀은 지리산에서 가족과 강제로 헤어지고, 작별인사도 할 시간이 없이 소년의 집으로 왔다. "얘들아, 나 도마뱀 키운다." "우와 좋겠다." "신기하다. 보여줄 수 있어?" 아이들은 소년 주변으로 몰려들었다.

"나는 살아 있는 장난감이었지. 만지고 주물럭거리고 들어보고 먹이도 주고…." 도마뱀은 회상하며 이야기를 이어갔다. "그래서 난 스트레스와 우울증이 걸려 먹는 것도 싫어지더라고." "그랬구나…." 구상이도 도마뱀이 가여웠다. "곤충, 지렁이, 노래기가 먹고 싶었어."

도마뱀은 꼬르륵 소리를 냈다. "그래서 내가 어느 날은 소년이 학교에 가고 난 뒤에 호시탐탐 기회를 노리다가 열려 있는 문사이로 도망쳐 나왔어. 그런데 도망치고 나오니 갈 곳이 없는 거야. 내가 살던 곳이 어디인지도 모르겠고…." 도마뱀은 지리산으로 가는 길을 몰라서 헤매다가 구상이한테까지 오게 된 것이다. "소년의 집은 지옥이었어. 일주일이 1년 같더라고…."

도마뱀 친구는 구상이 몸 아래로 내려가 곤충과 지렁이를 잡아먹고 올라왔다.

"구상아, 고맙다. 덕분에 배부르게 먹었어." "아니야, 덕분에 나도 너의 이야기 듣고 즐거웠어. 언제든 환영이니까 놀러와."

그런데 문득 구상이에게 궁금해지는 것이 하나 생겼다.

'구상이 부모는 누구인지, 고향은 어디인지…. 우지끈 우드드드득, 툭!'

어느 날 안개가 자욱한 이른 새벽 아저씨들 말소리와 차 시동 소리가 너무 시끄러워 살며시 눈을 떠보니, 낯이 익은 사람들이 보인다. 1년에 두 번 나와서 구상이의 키와 몸을 정리해주던 아저씨들이 칼과 톱을 가지고 분주히 움직인다.

"나무야, 그동안 잘 지냈지?"

"미안하지만, 이제는 너를 뽑아내야 한다. 정이 많이 들었는데 이제 작별해야 하네."

"그러게 말이야. 이 가로수 나무를 도로 재정비 사업 때문에 뽑아내야 하니…."

그 순간 구상이는 가슴이 털컥 내려앉았다. '아, 나는 이렇게 소각되는구나….'

친구들과 일일이 작별의 악수도 할 시간도 없이 구상이는 뿌리까지 뽑혀서 차에 실렸다. 도마뱀 친구도 당황했다. "친구야, 너무 걱정하지 마. 무슨 방법이 있지 않을까…."

도마뱀 친구는 의리를 지키려는 듯 구상이 몸에 계속 머물고 있었다.

이윽고 구상이는 차 짐칸에 실리고 아저씨들은 차에 시동을 걸고 출발했다.

죽으러 간다고 생각하니 온몸에 힘이 빠지고 슬펐다. 기회의 신은 멀리 사라진 것 같고…. 달리는 길이 엿가락처럼 늘어지는 것 같았다. 소각될 운명이라고 생각하니 구상이가 살아온 삶이 너무 짧다는 생각에 허무하기도 했다. 그동안 열심히 살지 못했던 것들이 후회되기 시작했다. 다리가 아프다는 이유로 슬퍼하고, 친구들에게 잘해주지 못했던 것도 생각이 났다. 또 부모가 누구인지도 알고 싶어졌다. 도마뱀 친구가 갑자기 호들갑스럽게 구상이에게 뛰어왔다. 사라져서 안 보이는 줄 알았더니 달리는 차 창문 옆에 달라붙어서, 아저씨들이 안 보이게 있다가 아저씨들이 대화하는 내용을 엿들었던 모양이다.

"원, 세상에 저 나무가 구상나무였다네…. 뒤늦게 한국의 토종나무인 걸 알았으니 다행이야. 모두 노력한 보람이 있지. 지리산으로 가게 되어서 천만다행이야." 도마뱀이 황급히 구상이에게 올라왔다.

"운전하는 아저씨들이 하는 소리를 들었는데, 이 차는 지리산으로 가는 중이래." 도마뱀은 숨이 차서 말을 끊었다가 다시 이어갔다.

"너는 일반 가로수 나무가 아니라 지리산 구상나무라고 하더라고. 지리산에 80살 된 지름신 할아버지가 구상이 너를 기다리고 있대."

"오늘의 뉴스입니다. 시청자 여러분 안녕하십니까. 정부에서 '크리스마스 트리'로 널리 알려진 멸종위기종 구상나무 군락지 보존을 위하여 전국 곳곳에 퍼져 있는 구상나무를 찾아내어 한국의 토종나무를 지키기 위하여 노력하고 있습니다. 기후 변화 등으로 분포면적이 줄고 있는 토종 구상나무의 군락지를 보호하기 위하여 전국 곳곳을 찾아다니고 있습니다. YTN OOO기자였습니다."

엿가락처럼 늘어졌던 길이 툭 끊어지며, 지름신 할아버지가 구상이에게 너울너울 춤을 추며 다가와 말을 건다. "그동안 고생 많았어.

어서 와." 구상이는 성장통을 겪었던 다리가 하나도 아프지 않았다. 꿈속 할아버지의 모습은 카이로스가 되어 앞머리는 무성하고 뒷머리는 대머리인 채 날아다니며 내게 자주 이야기를 들려주었지…. "너에게 기회를 주기 위해 왔어." 바로 할아버지의 이름은 지리산의 터줏대감 지름신이란다. 구상이는 지름신 할아버지의 다리 밑에서 날개를 얻어 훨훨 날아다니고 있었다.

"싫어요." 구상이는 소리쳤다. "저는 집으로 가야 해요. 어서 응봉산의 물을 주세요. 빨리요." 다리를 허공에서 휘젓고 있었다. "엄마, 엄마 구상이 키 그만 크고 싶어요. 지난번에 친구 집 갔다가 엄마 몰래 피시방 간 거 맞아요. 엄마 잘못했어요. 다시는 거짓말하고 피시방 가지 않을게요. 저를 나무로 만들지 마세요. 엄마, 용서해주세요."

눈물만 흘릴 뿐 구상이 몸은 꼼짝도 하지 않았다.

'뭐야, 벌써 나무가 된 거야? 어떡하지, 학교에 가야 하는데…….'

구상이는 꿈속에서 계속 울었다. "엄마, 엄마가 정해준 임무대로 할게요. 잘못했어요." 갑자기 엄마 목소리가 들려왔다. 꿈에서 깨어난 것을 알고 안도의 한숨을 지었다. 다리를 내려다보니 멀쩡했다. 꿈속에서 봤던 텔레비전이었는데 생생하게 다시 나온다. 아나운서가 보도 중이었다.

"오늘의 뉴스입니다. 시청자 여러분 안녕하십니까. 정부에서 '크리스마스 트리'로 널리 알려진 멸종위기종 구상나무 군락지 보존을 위하여 전국 곳곳에 퍼져 있는 구상나무를 찾아내어 한국의 토종나무를 지키기 위하여 노력하고 있습니다. 기후 변화 등으로 분포면적이 줄고 있는 토종 구상나무의 군락지를 보호하기 위하여 전국 곳곳을 찾아다니고 있습니다. YTN OOO기자였습니다."

키는 그대로 내 모습도 그대로인 구상이었다. 하필 나무 이름이 나와 같다니.
이제부터는 거짓말도 하지 않지 않고 엄마 말씀을 잘 들을 것이다."

동화를 읽어주면 호기심 가득한 눈으로 반짝거리던 아이는 어느새 사라지고 얼굴에 여드름이 생기고 자기만 알고 누구든 이기고 싶어 하며 사람들을 배려할 줄 모르는 사춘기가 된 것일까? 아이는 사춘기가 되어 성장통을 겪고 있다. 평소에 하지 않던 돌출 행동과 말을 던진다. 부모가 세심하게 관찰하고 듣지 않으면 사춘기라는 눈덩이는 점점 커질 것이다. 따라서 아이의 이야기에 진심으로 마음을 열고 기다리는 자세가 필요하다.

★ 아이의 변화를 받아들이자

사춘기를 맞이한 아이는 조그만 일에도 쉽게 짜증이 나거나 마음이 상한다. 부모들과 의견 차이가 생기면 반항을 하고 다투기도 한다. 친구와 함께 있는 시간이 가족과 지내는 시간보다 편하고 좋다고 느끼게 된다.

3
자녀와 좋은 친구가 되어줘라

행복은 외부 환경에 의해 결정되기보다는 우리 마음속에 있는 것이다.
- 벤저민 프랭클린

좋은 부모 되어주기

EBS 아이의 사생활 제작팀의 『아이의 사생활 1』에는 이런 내용이 나온다.

"아인슈타인은 머리만 대면 곯아떨어졌다고 한다. 머리가 좋은 사람들은 대부분 고도의 집중력을 발휘한다. 그런데 잠은 고도의 집중력을 위해서 꼭 필요하다. 뇌를 많이 쓰면 신경전달물질이 고갈되기 때문에 잠을 푹 자고 잘 먹어야 그것을 회복시킬 수 있다. 그런데 요즘 아이들은 밤늦게까지 학원에 다니고 잠을 참아가며 공부를 한다.

이러한 상황은 아이의 뇌 회로를 망가뜨리고, 정신적으로 스트레스를 주어 심하면 우울증까지 걸리게 한다.

사람의 뇌 중 전두엽에는 동기유발 기능을 담당하는 부위와 공부와 지적 활동을 담당하는 부위가 있다. 그런데 이 부위 바로 밑에는 감정·본능을 관장하는 부위가 있어, 이 부위들끼리 서로 끊임없이 정보를 교환하면서 영향을 미친다. 동기유발의 뇌가 자극받으면 감정 기능도 영향을 받아 즐거운 기분을 발산하고, 이는 지성을 담당하는 전두엽을 자극해 집중력이 향상되고 공부도 효율적으로 이뤄지게 한다. 반면, 공부를 억지로 시키면 감성의 뇌가 위축되어 집중력과 기억력이 떨어지고 기분이 나빠지며 스트레스가 쌓여 두뇌 발달에 악영향을 미친다."

사춘기 자녀를 둔 부모라면 좋은 부모가 되기를 바란다. 좋은 부모가 되기 위해서는 내가 어떤 부모인지에 대해, 나의 부모는 어떤 사람인지에 대하여, 그리고 나의 사춘기 시절을 뒤돌아보고 이해하는 시간이 필요하다. 아이를 낳고 키우다 보면 좋은 부모가 되기를 바란다. 아이와 대화가 잘 통하는 친구 같은 부모가 되기를 바라지만 현실은 다르다.

아이가 10대가 되어 사춘기가 오니 방황이 시작되면 서로 대립하기 시작한다. 아이가 사춘기가 올 때면 부모는 부모라는 자리에 대하여 회의감이 밀려오게 된다. 아이가 성장할수록 아이에게 각인되는 부모의 모습은 부모에게 달려 있다. 아이를 사랑이라는 이름으로 구속하고 억압하는 것은 아닌지, 부모가 아이를 위해 희생하고 있지만 무엇을 위해 희생하고 있는지 현실을 직시해야 한다는 것이다.

아이는 부모의 거울이다. 자식은 부모를 통해서 보고, 부모는 자식을 통해서 자신의 모습을 본다. 부모가 완벽한 부모가 아닌 것처럼 아이도 완벽한 아이가 아니다. 아이에게 바라고 원하는 것이 있다면 부모 먼저 바라고 원하는 것을 보여주어야 한다. 이러한 모습들이 자녀와 좋은 친구가 되는 방법이다.

아이의 '본질'은 무엇일까? 본질이라는 단어의 뜻을 들여다보면 '본래부터 가지고 있는 사물 자체의 성질이나 모습'이라고 명시되어 있다. 고정되어 있는 아이는 존재하기 힘들다. 정도의 차이가 있을 뿐, 아이는 사춘기가 오면서 독립된 인격체로 성장하면서 여러 단계를 거치면서 발달해간다. 사춘기는 부모와 아이가 서로 상호의존하는 관계로 서로를 수용해야 한다.

사람들은 누구나 어느 정도의 고정관념을 가지고 있다. 고정관념은 자신의 발전에 방해가 되고 실수를 만들어내기도 한다. 고정관념은 집단을 범주화하는 단순화된 도식의 하나로 특정 개인의 독특한 개성이나 개인차 혹은 능력을 무시한 채, 단순히 그 개인이 특정 집단의 구성원이라는 이유만으로 그의 개성이나 특성, 능력을 특정 범주로 귀속시키는 관념이나 기대를 말한다.

고정관념은 사람들이 당연하다고 생각하는 것에서부터 시작된다. 그 당연함은 우리가 살아가는 사회의 관습이나 전통, 성별이나 연령대, 교육환경 등에 따라 다르게 형성된다. 부모는 자신만의 고정관념을 가지고 아이를 대하면 안 된다. 근거 없는 고정관념에서 벗어난 마음으로 아이를 대해야 한다. 아이가 부모로부터 정서적으로 독립하려는 마음을 도와주고 아이의 변화를 받아들이려는 준비를 해야 한다.

사춘기는 아이들이 정체성을 확립하는 시기이다. 아이를 믿고 아이가 실수하더라도 허용하고 기다려주면 아이는 자연스럽게 부모에게 다가와 마음의 문을 열기 시작한다.

사춘기의 틀을 벗어나라

박용후의 『관점을 디자인하라』에는 이런 내용이 나온다.

"'우물 안 개구리'라는 말이 있다. 개구리가 우물 안에 갇혀 있으면,

아무리 똑똑하고 천재적인 개구리라 할지라도 우물 밖에 세상을 알 수 없다. 자신이 깊고 어두운 우물 안에 갇혀 있다고 상상해보자. 생각만 해도 온몸이 답답해지지 않는가? 사람들이 죄를 짓지 않으려고 노력하고, 죄를 지은 사람들이 감옥에 갈까 봐 두려워하는 이유도 감옥의 장소적 폐쇄성과 자유롭지 못한 상황, 누군가가 자신을 감시하는 억압, 수많은 행동에 제약을 받는 등의 여러 가지 이유 때문일 것이다.

감옥이나 우물이 가지는 폐쇄성을 떠올리면 답답해하면서도, 이상하게 사람들은 자신들의 사고방식이 안고 있는 '정신적인 감옥'은 아예 인식조차 못한다. 완고한 사고방식, 가부장적 사고방식, 패러다임 같은 모든 '사고의 틀'에 대해서는 관심을 기울이지 않는 것이다.
하지만 '틀'밖에서 '틀에 갇힌' 사람을 보면 답답하기가 이루 말할 수 없다. 감옥에 갇힌 사람이 아침에 일어나서 밥 먹고 세수하고 운동하고 노동하고 잠자리에 들어도, 결국 그 모든 활동 범위가 감옥인 것과 마찬가지다.

중요한 것은, 신체가 갇히면 누구나 갇혀 있다고 생각하면서 생각의 틀에 갇히면 갇혀 있다는 사실조차 모르는 경우가 많다는 것이다. 그건 나도 마찬가지고, 여러분도 마찬가지다. 틀을 깨고 나와야만 새로운 생각, 새로운 사고가 가능하고, 그것이 미래의 변화를 남들보다 앞서서 인식하도록 만든다. 그렇다면 어떻게 해야 틀 안에 갇히지 않을 수 있을까?

틀 안에 갇히지 않기 위해서 우리에게 필요한 것은 '관찰'이다. 기존의 틀을 깨고 밖으로 나오기 위해서는 용기가 필요하지만 보이지 않는 본질을 꿰뚫어 보는 관찰력도 필요하다. 그 관찰이 올바른 분석을 하게 하고, 결국 올바른 결정을 내리도록 한다."

과거는 현재를 살아가고 있는 개인에게 영향을 미친다. 자녀를 자신의 틀에 맞춰 끼워넣으려고 하면 안 된다. 자녀를 자녀 모습 그대로 바라봐야 한다는 것이다. 자녀와의 관계는 앞으로 나아가는 것이다. 뒤로 후퇴하는 것이 아니라 좋은 친구가 되어주기 위해서는 자녀의 감정을 있는 그대로 바라봐주고 수용하며 공감해주어야 한다.

어른들은 아이들의 호기심을 귀찮아한다. 궁금한 것을 물어보면 처음에는 잘 대답해주던 이들도 계속 물어보면 결국은 아이의 머리를 쥐어박거나 혼을 낸다. 대답하는 것이 귀찮아서 아예 못하게 막아버리는 부모도 많다. 시험에 나오지 않는 질문을 멈추고 함수나 미분과 적분, 관계대명사나 to 부정사에 관해 물어보면 부모들은 흐뭇해하며 자신의 아이가 철이 들었다고 안도한다. 이렇게 해서 호기심으로 가득 차 있던 어린아이는 시험에 나오는 것만 공부하는 모범생이 되고 만다. 하지만 호기심이 없어진다는 것은 '남들과 다를 것이 없게 되었다'는 말과 다르지 않다. 자녀의 호기심과 관심을 있는 그대로 봐주고 수용하며 공감해준다면 자녀와의 사이는 좋아질 것이다.

사춘기 중학생은 장점을 찾아서 칭찬을 해주어야 한다. 아이의 응석을 받아주는 것은 곤란하지만 아이의 장점을 발견하여 칭찬해주는 것이 좋다.

"너 정말 잘하는구나. 정말 대단하다."
"이렇게 좋은 점이 있었네. 이번에 잘했으니까 다음에는 더 잘하겠네. 더 열심히 해봐."
"너만의 독창적인 생각이 대단하다. 정말 장하다."

아이에게 좋은 감정이 하늘의 구름처럼 뭉클뭉클 솟아날 것이다. 부모의 진심 어린 칭찬 한마디가 자녀의 인생에 가장 큰 영향을 미칠 수도 있다는 것을 기억해야 한다.

무엇이든 아이의 좋은 점이 있으면 바로 칭찬하는 것이 좋다. 그러면 아이는 기뻐서 더욱 열심히 하게 된다. 열심히 하니까 더욱 잘하게 되고 칭찬도 듣고 긍정의 샘물이 솟아나는 것이다. 아이는 부모를 신뢰하게 된다. 우수하고 재능이 있는 사람도 '너는 멍청해, 너는 하는 것마다 왜 이러니?'라는 부정어를 들으면 부정적이고 비관적이며 멍청해진다.

　부모는 자식에게 화가 났을 때 한 말을 잘 기억하지 못하는 경향이 있다. 말은 중요하다. 한마디 말이 자녀의 기를 살리기도 하고 죽이기도 한다. 지금 당장 당신의 자녀를 칭찬해주어야 한다. 자녀는 부모와 좋은 친구가 된다면 자신에 대한 높은 자존감을 느끼고 좋은 관계를 유지하게 된다.

엄마 아빠의 사춘기 공부 실전연습

★ 자녀와 좋은 친구가 되자

　기존의 틀을 깨고 밖으로 나오기 위해서는 용기가 필요하지만 보이지 않는 본질을 꿰뚫어 보는 관찰력도 필요하다. 자녀와 좋은 친구가 되기 위해서는 자녀의 감정을 있는 그대로 바라보고 수용하며 공감해주어야 한다.

4

혼내지 마라, 가르치려고 하지 마라

남이 말할 때 완전히 귀 기울여라. 대부분의 사람은 남의 말을 경청하지 않는다.
- 어니스트 헤밍웨이

시험은 전쟁이다

EBS 아이의 사생활 제작팀의 『아이의 사생활 2』에는 이런 내용이 나온다.

"현실과 가상 사이에서 컴퓨터에 들어가 있으면 편해져요. 누가 뭐라고 할 사람도 없고 제 세상이잖아요."

"게임 세계에 들어가면 여기선 할 수 없는 것도 할 수 있어요. 가상이니까. 진짜 나는 아니지만 자기 캐릭터인 거잖아요. 그리고 내 아이디 내 정보로 내걸 만든 다음에 돈을 내고 내 것을 사고…. 게임에

선 다 할 수 있잖아요. 현실에서 할 수 없는 것이 게임에서는 가능하니까. 그게 게임의 매력이죠."

"미디어 속 세상, 즉 가상공간에서 아이들은 행동 법칙, 의사소통, 권력 관계, 통제방식, 공간구조 등의 자유로움을 느낀다. 구체적으로 보면 여덟 살짜리 초등학생이 현실에서 해야 할 행동에는 제약과 질서가 따른다. 아침에 일어나 학교에 가야 하고 40분 수업을 들어야 하며 방과 후 집에 돌아와서도 해야 할 행동이 있다. 또한, 그 행동은 사회적 질서나 규범에 근거하는 것이기에 제약이 따른다. 반면 가상공간에서는 행동에 제약이 없다. 무정부주의, 그 말이 맞을 정도로 가상공간 안에서의 행동은 무엇보다 자유롭다. 아이들은 하고 싶은 대로 하는 그 욕구를 충족하는 것이다."

의사소통 측면에서도 현실에서는 부모나 어른으로부터 일방적이고 수동적으로 이야기를 듣는 경우가 많지만, 가상공간에서는 자신의 의지가 반영된 적극적이고 능동적인 의사소통이 가능하다. 부모와 자식, 어른과 아이들의 관계가 지배와 복종의 관계인데 비해 가상공간에서는 누가 어른이고 누가 아이인지 나이와 성별이 그리 큰 문제가 되지 않는다. 수평적이고 대등한 관계가 유지될 수 있다는 점이 아이들에게는 큰 매력인 것이다.

현실에서는 권위적인 부모 앞에서 수동적으로만 주의를 듣거나 야단을 맞기 때문에 자신의 행동과 말이 소극적으로 된다.

큰아이 일기장의 한 페이지

2013년 4월 26일 날씨 : 쌀쌀하다.

제목은 〈시험은 전쟁이다〉

학생들과 친구들 간에 오고 가는 대화 중 시험이라는 주제가 나오면 이 말은 꼭 한 번씩은 나오는 말이다. 세계에는 현재까지 총 2번의 전쟁(대전)이 일어났다. 그 전쟁인즉 1차 세계대전과 2차 세계대전이다. 또한, 3차 대전까지 언제 터질지 모르는 아슬아슬한 상황이다. 시험이라는 단어와 전쟁이라는 단어가 접목된 이유는

시험을 볼 때, 지치는 필수코스가 있기 때문이다. 시험에는 총 4개의 전쟁이 있다.

제1차 세계대전 : 시험공부와의 전쟁

제2차 세계대전 : 시험과의 전쟁

제3차 세계대전 : 결과와의 전쟁

이렇게 학생들은 시험을 볼 때마다 무기를 들고 싸울 준비를 해야 한다. 하지만 시험이라고 해서 무조건 나쁘거나 스트레스를 주는 것만은 아니다. 현재의 자신 상황이나 중간지식을 검토해볼 수도 있고 공부에 더욱 전념할 수 있는 또 하나의 수단이기도 하다.

그리고 성취감도 있다. 잘되면 극락왕생 못 보면 지옥 추락이다.

초 1학년부터 고3까지 12년이라는 시간 동안 교과서와 연필만 들고 시험이라는 괴물과 맞서 싸워야 하는 이 기분은 어른은 모를 것이다. 하지만 시험에 있어 시험이라는 괴물은 이기적인 성난 괴물로도 변했다가 나무 위에도 올려주는 친절한 친구가 될 수도 있는….

시험은 나의 노력에 달린 것이라고 나는 생각한다.

아이의 자아 중심성

엄마는 아이가 젖먹이였을 때 아이의 삶에 깊이 관여한다. 갓 태어난 아이를 품에 안고 아이와 일심동체가 되는 것이다. 아이와 밀착하여 일심동체가 되기 위해서는 아이와 모든 것을 공유한다. 잠을 잘 자지 않는 아기를 위하여 같이 잠을 자지 못한다. 아기를 위하여 모유 수유를 하거나 분유를 먹인다. 아기를 안고 등을 토닥여주고 기저귀를 갈아주는 일이 하루에도 몇 번씩 반복한다.

엄마는 그때마다 기저귀를 살핀다. 대변을 만져보거나 냄새를 맡고 색깔이나 형태까지도 확인한다. 엄마이기 때문에 가능한 일이다. 자신의 아이가 아니라면 쉽게 할 수 없는 일이다. 아이가 아기 때에는 배가 고파도 울고 졸려도 울고 불편해도 운다. 아이의 호소는 살아 있다는 증거인데 엄마는 늘 아기 곁에 붙어 돌본다. 엄마의 온몸과 마음에 아기에 대한 사랑이 스며 있는 것이다. 심지어 아기의 울음소리도 사랑의 메시지로 들린다.

그러나 아이가 유아기를 벗어나 본격적인 사춘기가 되면 부모의 일심동체를 벗어나 자아를 가지려고 한다. 아이가 사춘기가 되면 엄마의 둔감력이 필요하다. 사춘기는 급격한 신체발달로 인한 호르몬의 변화를 정서적 발달이 따라가지 못하는 것에서 시작된다고 한다. 마음과 몸의 불균형이 오는 것이다. 심리적으로 정서적 변화를 감지하게 된다. 일관성이 없고 불안정하며 감정 기복이 심해져서 격렬해진다. 사춘기의 정서불안은 지극히 정상적으로 성장하고 있는 것으로 보면 된다.

사춘기에는 자신과 타인의 사고와 감정을 구별하지 못하는 자아 중심성(adolescent egocentrism)이 확대된다. 자기 자신에 대한 몰두에서 비롯되는 청소년기 특수 현상으로, 자신과 타인의 관심사를 적절하게 구분하지 못하는 인지적 경향성이다. 그 결과 나타나는 현상이 있다.

"첫 번째 '상상의 청중'이라는 현상이다.

청소년들이 행동할 때 언제나 다른 사람들이 자신의 행동을 주시하고 있다고 생각하는 것으로서 비록 자기 의견이 다른 사람들에게 받아들여지지 않는다고 하더라도 어딘가 자기의 아이디어를 받아주고 갈채를 보내는 청중이 있다고 상상하는 것이다. 사춘기의 소년 · 소녀들은 '상상의 관중'을 염두에 두고 마치 자신이 무대에 선 배우처럼 타인들의 관심 초점이 된다고 믿는다.

두 번째 '개인적 우화'라는 특성이다.

개인적 우화는 청소년 자신이 생각하는 자기에 대한 경험과 타인의 생각을 너무 과하게 다르다고 생각하는 데서 오는 또 하나의 특징적인 자아 중심적 경향성이며, 자신의 경험은 너무나 독특하여 다른 이가 알 수 없다는 믿음을 말한다."

– 심리학 용어사전

상상의 청중과 개인적 우화라는 특성으로 인해 주변의 모든 사람이 자신을 지켜본다고 생각하게 되는 것이다. 두 번째 '개인적 우화'라는 특성은 여자 청소년보다 남자 청소년에게 더 나타난다고 한다.

사춘기 때는 이렇게 상상의 청중과 개인적인 우화가 합쳐져 허세라는 증상이 나타난다고 한다. 부모들은 사춘기 아이들과 대화하면서 단순히 명령만 하는 것이 아니라 자녀들의 생각을 말하고 함께 협상하며 부모에게 질문하게 이끌어야 한다. 이것이 사춘기 자녀를 혼내지 않고 가르치려 하는 것이 아니라 부모와 사춘기 자녀가 함께 지향해야 할 부분이다.

엄마 아빠의 사춘기 공부 실전연습

★ 혼내지 말고 가르치려고도 하지 말자

아이는 학업 스트레스와 교우 관계, 미래에 대한 불안 등 때문에 정서적으로 불안정하다. 부모가 아이를 대하는 방식에 따라 우리 아이도 달라질 수 있다. 자신의 진정한 가치와 그것을 이룰 수 있는 구체적인 행동방법을 알려주자.

5
아이의 행동보다는 마음에 집중하라

사람은 오로지 가슴으로만 올바로 볼 수 있다.
본질적인 것은 눈에 보이지 않는다.
- 생텍쥐페리

아이의 마음을 읽어주는 시간을 갖자

그리스 신화에 등장하는 '프로크루스테스의 침대 (Procrustean bed)' 이야기를 보면 프로크루스테스는 그리스 신화에 나오는 인물로, 힘이 엄청나게 센 거인이자 노상강도였다. 그는 아테네 교외의 언덕에 살면서 길을 지나가는 나그네를 상대로 강도질을 일삼았다. 특히 그의 집에는 철로 만든 침대가 있었는데, 프로크루스테스는 나그네를 붙잡아 자신의 침대에 눕혀 놓고 나그네의 키가 침대보다 길면 그만큼 잘라내고, 나그네의 키가 침대보다 짧으면 억지로 침대 길이에 맞추어 늘여서 죽였다고 한다. 그러나 그의 침대에는 침대의 길이를 조절하는 보이지 않는 장치가 있어, 그 어떤 나그네도 침대의 길이에 딱 들어맞을 수 없었고 결국 모두 죽음을 맞을 수밖에 없었다.

이 끔찍한 이야기는, 상황에 따라 인생의 중요한 선택을 할 경우 우리가 처할 수 있는 난관을 상징한다.

"왜? 나만 안돼요. 화장은요, 스마트폰이 없으면 아이들이 우습게 봐요."

요구사항도 많다. 친구들이 가지고 있는 것, 친구들이 먹는 것, 입고 있는 것을 다 사야 한다고 우긴다. 친구들에 대한 집착이 유독 심해진다. 아빠는 왜 그렇게 권위적인지, 엄마는 왜 그렇게 사사건건 간섭하는지 잔소리를 아이들은 싫어한다.

딸아이가 중학교 1학년 때 화장을 많이 하고 다닐 때였다. 교복 치마 길이도 짧아서 집 근처에서는 치마를 내리고 들어오곤 했다. 어느 날 남편이 집으로 들어오던 길에 딸아이와 마주쳤다. 딸아이는 진한 화장과 헤어롤을 말고 짧은 치마 길이로 아파트 동과 동 사이 주차된 차와 차 사이를 뛰기 시작했다.

아이 이름을 부르며 추격전이 시작되었다. 아슬아슬하게 잡히지 않은 딸아이는 아빠를 피해 계단을 오르며 화장을 지웠다고 한다. 왜 그렇게 화장에 집착했는지. 화장품을 몇 번을 빼앗기고 나면 아이는 더 화장에 집착했다. 컴퓨터용 수성 사인펜으로 아이라이너를 대신하고 빨간펜으로는 립스틱 대신해서 입술을 칠했다고 한다.

학교에서 친구들에게 화장품을 빈번하게 빌려서 거지 취급을 받고 화장품을 사고 싶어도 돈은 없고 산 것을 들킬 때마다 빼앗기니 아이의 불만은 눈덩이처럼 불어나고 있었다. 하지 말라고 하면 더 하고 싶은 사람의 심리일까? 사실이었다. 화장품 때문에 친구들과의 사이도 멀어졌다고 한다. 너무 빈번하게 빌려 쓰니까 빌려주는 친구들도 짜증이 났다. 남편과 나는 화장을 하는 것을 극도로 경멸했다. 일진들이나 하는 것이 화장이라고 치부하며 아이를 몰아세웠다. 딸아이는 아빠의 권위 앞에서 겁을 먹고 수동적으로 반응하며 화장품을 숨기기에 바빴다.

서태지는 〈교실 이데아〉에서 이렇게 노래했다.

"매일 아침 일곱 시 삼십 분까지 우릴 조그만 교실로 몰아넣고 전국 구백만의 아이들의 머릿속에 모두 똑같은 것만 집어넣고 있어. 막힌 꽉 막힌 사방이 막힌 널 그리고 우릴 덥석 모두를 먹어 삼킨 이 시꺼먼 교실에서만 내 젊음을 보내기는 너무 아까워."

우리는 아이들을 우수한 아이와 열등한 아이로만 나누려고 하는 것은 아닌지 생각해봐야 한다. 쌀농사를 짓듯이 아이들을 사춘기 시기에는 집중적으로 잘 돌봐주어야 한다. 농부는 모든 논에 골고루 정성을 들인다.

삶을 바꾸는 아이의 마음

제임스 도티의 『닥터 도티의 삶을 바꾸는 마술가게』에는 이런 이야기가 나온다.

""우리 마음의 상처도 마찬가지란다. 그 상처가 나을 수 있도록 관심과 주의를 기울여야 해. 그렇지 않으면 그 상처는 계속해서 아픔을 줄 거야. 때로는 아주 오랫동안 그럴 수도 있어. 우리는 모두 상처 입게 돼. 그게 삶이거든. 하지만 우리한테 상처를 주고 우리를 아프게 하는 것에 대해서도 마술 같은 효과가 있단다. 상처와 아픔은 놀라운 역할을 하기도 해. 우리 마음에 상처가 생기면 그때가 바로 마음을 열어야 하는 순간이란다.

우리는 아픔을 거치면서 성장하지. 어려운 상황을 헤치며 자라는 거야 그러므로 네 삶에서 어려운 일이 나타날 때마다 기꺼이 감싸 안고, 그리고 그 모든 어려움을 다 껴안아야 해. 어려운 문제가 전혀 없는 사람들을' 보면 오히려 유감이란다. 어떤 어려움도 헤쳐나가지 않고 살아갈 수 있는 사람이 누가 있겠니? 그런 사람들은 신이 주신 좋은 선물을 하나 잃어버린 셈이지. 멋진 마술을 놓치는 셈이란다."

"다음 마술은 너의 마음을 여는 것이란다. 삶은 이미 네 마음을 열기 시작했거든. 너는 사랑하고 배려하잖니."

"네 마음을 여는 나머지 한 부분은 너 자신을 사랑하고 돌보는 거란다."

루스는 매일 내 마음을 여는 법을 가르쳐 주었다.

"나는 가치 있는 사람이다. 사랑받는 존재다. 귀한 사람이다. 나는 다른 이들을 배려한다. 오직 나 자신에게 좋은 것만을 선택한다. 오직 다른 이들에게 좋은 일만을 선택한다. 나는 스스로를 사랑한다. 다른 이들을 사랑한다. 나는 내 마음을 연다. 내 마음은 활짝 열려 있다.'"

내 자녀가 마음을 여는 방법으로 긍정의 문장을 되새기면 좋을 것이다. 부모와 자녀가 함께 할 수 있는 방법 중에 '마음 챙김'과 '마음으로 그려보기'가 있다. 마음 챙김의 뜻은 대상에 주의를 집중해 있는 그대로 관찰하는 것이다. 마음 챙김과 마음으로 그려보기는 평온해지면서 산만함을 없애고 내면으로 여행을 떠날 때 훌륭한 기법이다. 연민은 우리 각자 마음의 상처뿐 아니라 주변 사람들의 마음까지 치유하는 힘을 지녔다. 그것은 가장 큰 선물이자 가장 위대한 마술이다.

EBS 아이의 사생활 제작팀의 『아이의 사생활 2』에는 이런 내용이 나온다.

"'현피'란 말이 있다. 현피는 현실과 PK(Player Kill)의 앞글자를 딴 합성어로 온라인상의 마찰이 현실적인 물리적 충돌로 이어지는 것을 의미하는 인터넷 용어다. 현피는 17년전 신조어로 등장했는데 그때는 온라인 게임 중독자들에게서 일부 나타나는 현상을 설명하는 말이었지만, 이제는 중독이 아닌 일반 사용자들에게도 널리 퍼진 용어가 되었다.

아이들이 주로 사용하는 인터넷 게임은 아이들에게 인내를 요구하지 않는다. 아이들은 온라인상에서 얻는 즉각적인 보상에 익숙하다. 게임 상대를 바로 고를 수 있고 게임에서 이기면 그 즉시 레벨이 올라가서 사이버머니가 쌓인다.

"아이들이 인터넷 게임을 하는 가장 큰 이유는 보상 때문입니다.

인터넷 게임보다 빠르고 확실한 보상을 주는 것이 없습니다. 게임을 하다 보면 5초 만에 결과가 나오는데 이처럼 즉각적인 보상을 받을 수 있는 것이 현실 속에서는 그리 많지 않거든요. 그러나 인터넷 게임에 빠질 수밖에 없죠. 그런데 문제는 뇌의 상태가 그렇게 재편되면 가상과 현실을 구분하는 절제력도 점점 사라진다는 겁니다.""

지나친 게임은 절제력을 앗아간다. 얼굴을 맞대지 않은 온라인상에서 상대방에 대한 배려나 이해는 필요하지 않다. 그러나 자기 마음에 맞지 않을 때 절제력을 잃고 쉽게 화를 내고 공격성을 드러낸다. 게다가 가상과 현실을 구분하는 절제력이 사라졌기 때문에 현실 속에서 즉각적인 보상이 없으면 견디지 못한다. 그러므로 보상이 풍부한 인터넷 세상에 자꾸 빠져들 수밖에 없다. 악순환이다.

사춘기 때에 자녀와 부모가 서로 마음이 닫혀 있으면 자녀들은 인터넷 세상이나 스마트폰 속으로 빠져들게 된다. 사이버 공간에서의 위로보다는 부모가 자녀의 마음을 읽어주어야 한다.

엄마 아빠의 사춘기 공부 실전연습

★ 잔소리를 멈추고 대화를 시작하자

소통을 위한 대화의 기본은 아이의 말을 들을 준비, 공감할 준비를 하는 것이다. 공감해주고 아이에게 솔직하게 표현해야 한다. 아이와 대화하기 전에 엄마가 말하려는 의도에 대하여 명확히 밝히는 것이 중요하다.

6
'힘들지? 괜찮아'라고 격려하라

**재능은 누구나 가지고 있지만 재능을 실현하기 위해
필요한 어려운 과정을 걸어갈 용기를 지닌 사람은 드물다
- 에리카 종**

사춘기의 정체성

방탄소년단의 노래 〈N.O.〉의 가사를 보자.

"좋은 집 좋은 차 그런 게 행복일 수 있을까?

In Seoul to the SKY, 부모님은 정말 행복해질까? 꿈 없어졌지 숨 쉴 틈도 없이

학교와 집 아니면 피시방이 다인 쳇바퀴 같은 삶들을 살며 일등을 강요받는 학생은 꿈과 현실 사이의 이중간첩 우릴 공부하는 기계로 만든 건 누구? 일등이 아니면 낙오로 구분

짓게 만든 건 틀에 가둔 건 어른이란 걸 쉽게 수긍할 수밖에 단순하게 생각해도 약육강식 아래 친한 친구도 밟고 올라서게 만든 게 누구라 생각해 what? 어른들은 내게 말하기 힘든 건 지금뿐이라고 조금 더 참으라고 나중에 하라고."

사춘기의 시기에는 누구나 자신의 정체성이나 재능 또는 잠재력의 문제를 고민한다.

『맹자(孟子)』에는 이런 말이 나온다.

"하늘이 어떤 이에게 장차 큰일을 맡기려 할 때는 반드시 먼저 그 마음을 수고롭게 하고 그 근육과 뼈를 지치게 하며 육체를 굶주리게 하고 생활을 곤궁하게 해서 행하는 일이 뜻대로 되지 않도록 가로막는데, 이것은 그의 마음을 움직여 그 성질을 단련시키며 예전에는 도저히 할 수 없었던 일을 더 잘하도록 하기 위함이다. 사람은 언제나 잘못을 저지른 뒤에야 바로잡을 수 있고, 곤란을 당하고 뜻대로 잘되지 않은 다음에야 분발하고 상황을 알게 되며, 잘못된 신호가 나타난 뒤에야 비로소 깨닫게 된다. 내부적으로 법도 있는 집안은 제대로 보필하는 선비가 없고, 외부적으로 적이나 외환이 없는 나라는 언제나 망하게 된다. 우리는 그다음에야 우환이 사는 길이고 안락이 죽는 길임을 알게 되는 것이다."

사춘기라는 시기가 아이들과 부모를 힘들게 하지만 아이 스스로 어른으로 나아가기 위해 노력해야 하는 시기인 것이다. 사춘기가 고통스럽고 힘들다고 느끼며 자녀 스스로 장애물을 넘어서려는 의지가 있고 성숙하게 발전할 수 있음을 알게 된다. 사춘기라는 딜레마를 완화할 방법은 부모가 자녀에게 선택을 강요하지 않고 자녀 스스로 선택할 수 있는 상황을 만들어주는 것이다. 자녀를 둘러싼 환경이 자녀에게 선택을 강요하도록 놔두지 말고, 스스로 상황을 만들어가면서 좋은 선택을 할 수 있는 경우를 다양하게 늘려주는 것이 중요하다.

한국의 입시 위주 학교 교육과 조바심을 내는 학부모들은 아이들에게 많은 부담을 준다. 초등학교, 중학교, 수능을 앞둔 고등학생 등 학생들이 자살하는 예도 있다. 친구들과의 왕따 문제든 우울감이든 이유는 여러 가지가 있지만 사춘기 때에 성적에 대한 중압감이 자살의 원인으로 밝혀지는 경우가 많다. 성적에 대한 압박감 때문에 시험을 앞두고 가출을 하거나 우울증에 빠지는 청소년들도 있다.

우리나라 어린이와 청소년들이 느끼는 행복은 OECD 국가 중 최하위 수준이다. 이토록 어린이와 청소년들이 행복 수준이 낮은 이유는 입시 위주의 교육 때문이라고 생각한다. 공부는 재미없고 괴롭지만, 미래의 즐거움을 위해 직업을 잘 가지려고 참아내야 하는 고통이라고 인식하려고 한다. 입시경쟁에 시달리는 아이들은 충동 억제에 대한 교육을 받는다. 자녀들이 스스로 공부에 즐겁게 몰입하게 하고 자율성을 키워주는 것은 자녀들의 행복과 학업 성취에 결정적 영향을 줄 것이다.

고통 없이는 아무것도 얻을 수 없다

'고통 없이는 아무것도 얻을 수 없다(no pain, no gains).'라는 말의 의미를 부모는 한 번 더 생각해봐야 한다. 고통 없이 현재를, 지금 이 순간을 중시하며 오늘 주어진 시간의 하루를 즐겁고 행복하게 느껴야 한다. 그러면 더 많은 성취감을 얻을 수 있다. 고통을 생각하라고 강조하여 사춘기를 고통스럽게 생각하면 자녀의 자율성을 키워줄 수 없다.

힘들어도 말하지 못한 채 불행해하고 우울해하는 아이들은 학업 성취도와 행복지수도 떨어진다. 현재를 미래를 위한 투자로만 생각한다면 아이의 마음은 불편해지고 불행해지는 것이다. 현재 상태가 힘들고 불안감 때문에 괜찮지 않다면 이러한 소통불안을 감소시키면 된다. 잘 보이려는 욕심을 낮추고, 잘할 수 있다는 자신감을 가지면 된다. 자녀는 자신의 모습을 있는 그대로 보여주는 것에 대해 창피해하지 말고 있는 그대로 보여줘도 충분하다는 자신감을 가져야 한다.

사람은 자기가 이 세상의 중심이라는 착각 속에서 살아간다. 그 결과 주변 사람들이 실제로 나에 대해 가진 관심을 수백 배 수천 배 더 과장해서 느낀다.

자녀의 말과 상황을 같이 공감해주는 것은 중요한 것이다. 공감 능력은 다른 사람의 심리나 감정 상태를 잘 읽어낼 수 있는 능력을 말한다. 표정이나 목소리 등을 통해 그 사람이 어떤 생각, 느낌이 있는지 알아내는 능력은 자녀와의 관계를 잘 유지하고 설득하는 데 필요하다.

사춘기 생활에서 자녀와의 원만한 관계를 원한다면, 마음의 문을 열고 자녀의 말을 잘 들어야 한다. 우선 자녀의 말을 들을 때는 말하는 자녀의 표정을 그대로 따라 하는 습관을 들이면 좋다. 얼굴은 사람의 감정 상태는 나타내는 거울이다. 말하는 사람의 표정을 따라 하면서 들으면 말하는 사람의 감정 상태를 더 잘 느낄 수 있게 된다. 공감적 경청의 연습이 필요한 부분이다.

자녀와의 성공적인 소통의 핵심은 말을 잘하는 데 있는 것이 아니라 잘 듣는 데 있다. 공감적 경청은 더욱 높은 수준의 공감 능력과 소통능력을 얻기 위한 것이다. 긍정적이고 환한 표정을 지어야 한다. 어둡지 않고 밝은 표정을 보여주며 "힘들지? 괜찮아."라고 말해주는 것만으로도 공감 능력이 향상된다.

서울대학교 심리학과 교수인 최인철의 『프레임』에는 이런 내용이 나온다.

"한 사람의 언어는 그 사람의 프레임을 결정한다. 따라서 프레임을 바꾸기 위해서 꼭 필요한 일은 언어를 바꿔나가는 것이다. 특히 긍정적인 언어로 말하는 것이 반드시 필요하다.

매일 사용하는 단어 속에 우리가 얼마나 오래 살 수 있는지에 대한 정보까지 담겨 있다. 그러니 감사, 감동, 기쁨, 설렘, 만족… 이런 단어들이 우리 삶 속에, 나아가 우리 아이들의 말 속에서 넘쳐나도록 만들 필요가 있다. 반대로 "다 먹고 살자고 하는 거 아니겠어?" 또는 "좋은 게 좋은 거 아니겠어?"라는 표현이나 '대충, 아무거나' 등의 단어들은 하루라도 빨리 사전에서 지워버려야 한다. 이런 말들은 우리의 마음가짐을 '최고(Best)'의 프레임에서 순식간에 충분한(Good enough)의 프레임으로 바꿔버린다.

누군가 이런 체념적 말을 던졌을 때, 우리 마음속에서 얼마나 순식간에 탁월함에 대한 추구가 사라지는지 경험해본 사람이라면 이런 표현들이 갖고 있는 무서운 전염병의 위력에 공감할 것이다. 특히 부모와 교사, 상사들은 자녀와 학생들, 부하 직원들 앞에서는 절대로 이런 말을 사용해서는 안 된다. 습관적으로 내뱉은 이런 말들은 듣는 이들로 하여금 '좋은 것에서 위대한 것으로'가 아닌 '위대한 것에서 좋은 것으로'의 마음가짐을 유도하기 때문이다. 항상 긍정의 프레임을 만드는 긍정적인 언어로 말하는 습관을 들여라."

'자존감'은 내가 얼마나 나를 사랑하느냐, 나를 얼마나 근사하게 느끼느냐를 보여주는 지표와도 같다. 자녀에게 "힘들지? 괜찮아."라고 말해준다면 아이의 자존감은 높아지고 내적이든 외적이든 어떤 자극을 받아도 상대방에게 굴하지 않고 자존감이 높아져 긍정적인 이미지를 유지하게 된다.

7
'잘하고 있어!'라고 응원하라

내일은 우리가 어제로부터 무엇인가 배웠기를 바란다.
- 존 웨인

아이를 바꾸는 사춘기의 지혜
최인철의『프레임』에는 이런 내용이 나온다.

"사람들은 현재를 '준비기'라고 프레임 하는 경향이 있다. 현재는 더 나은 미래를 위해 준비하고 일방적으로 희생해야 하는 시간이라고 생각한다. 즐기고 만끽해야 할 대상이 아니라 참고 견뎌야 할 대상이라고 믿는다. 그래서 부모는 중간시험을 잘 보고 집에 온 초등학생 자녀에게 맘껏 칭찬을 해주기보다는 "기말시험이 더 중요하다."라며 미래에 대한 부담을 준다. 자녀가 기말시험을 잘 보고 오면 이번에는 "중학교 때 잘하는 게 진짜 실력이야."라고 말한다."

아이는 물론 부모 자신도 지금 당장 마땅히 누려야 할 기쁨과 즐거움을 포기한다. 그런 과정을 거치고 수능시험을 잘 치르고 나면 이번에는 또다시 '대학에 가서 잘하는 게 진짜'라며 한술 더 뜬다. 대학은 직장생활을 위해 희생되고, 직장생활은 노후대책을 마련하느라 희생된다. 노후는 다시 자녀를 위해, 손자 손녀를 위해 희생된다. 인생의 전 과정이 이런 식으로 진행된다. 자녀와 행복으로 가는 길은 지금 순간을 충분히 즐기고 감사하는 것으로부터 비롯된다.

딸아이는 방탄소년단을 좋아한다. 사춘기 시절 길을 잃어 혼란스럽고 멘탈이 약해졌을 때 방탄소년단의 노래를 듣고 많은 위로를 받고 힘을 얻었다고 한다.

방탄소년단의 〈Never Mind〉의 가사를 보자.

"앞만 보고 달렸지 주위를 둘러볼 틈 없이 어느새 나는 가족의 자랑이 됐고 어느 정도 성공을 했어! 사춘기라 말하는 그쯤
생각이 나네! 문득 그 당시 나는 어렸고 무서울 게 없었지 몇 번의 좌절 그건 아무것도 아냐 달라진 거라곤 그때에 비해 조금 커진 키와

동 나이대에 비해 조금 성숙해진 시야

남산동의 지하 작업실에서부터 압구정까지 깔아 놓은 내 beat 청
춘의 출처

주위 모두 말했지 오버하지마 음악 한답시고 깝치면 집안 거덜 내
니까

그때부터 신경 안 썼지 누가 뭐라든지 그저 내 꼴린 대로 내 소신
대로 살아갈 뿐

니가 보기엔 지금 난 어떨 것 같냐 내가 보기엔 어떨 것 같아?"

영화 〈죽은 시인의 사회〉의 키팅 선생이 외친 '카르페 디엠(carpe diem)'은
지금을 즐기라는 의미가 아니다. 영화에서는 전통과 규율에 도전하는 청
소년들의 자유 정신을 상징하는 말로 쓰였다. 현재 이 순간에 충실하라
는 뜻의 라틴어다. 중요한 것은 지금이다. 지금은 과거가 되고 찰나에 불
과하다는 것이다. 〈죽은 시인의 사회〉 영화에서 키팅 선생님은 '카르페
디엠'이라는 말을 통해 미래(대학입시, 좋은 직장)라는 미명하에 현재의 삶(학창
시절)의 낭만과 즐거움을 포기해야만 하는 학생들에게 지금 사는 이 순간
이 무엇보다도 확실하며 중요한 순간임을 일깨워주었다.

윤대현 정신건강의학과 교수의『하루 3분, 나만 생각하는 시간』에는 이
런 내용이 나온다.

"자존감은 자기를 사랑할 수 있는 능력이다. 좌절이 닥친 어려운 상황에서도 '나는 소중한 존재'라는 소중한 메시지가 내 마음을 지켜주면, 인간의 잠재력은 무한하고 세상은 항상 새로운 기회가 찾아오기에 다시 일어설 수 있다. 그러나 작은 위기에서도 심한 무기력감을 겪는 사람은 바로 옆에 탈출구가 있어도 어두운 방에 그냥 머무르려고만 한다.

스스로 어떠한 상황을 극복할 수 있고 주어진 과제를 성공적으로 수행할 수 있다는 신념이나 기대를 가리키는 '자아 효능감 self-efficacy'이라는 말이 있다. 자아 효능감은 내가 주체가 되어 나를 얼마나 잘 다스릴 수 있는가와도 관련이 있다. 스스로 자신을 다스릴 수 있다는 느낌은 우리에게 상당한 쾌감을 가져다준다.

중독을 힘으로 통제하려고 하면 더 깊은 늪에 빠지기 쉽다. 본능은 힘이 매우 강하기 때문이다. 이때 자아 효능감이 절실히 필요하다. 그리고 중독에 빠졌다고 자신을 자책하게 되면 자아 효능감이 더 낮아지게 되니, 절대 자책하면 안 된다.

자아 효능감을 키우기 위해서는 통제가 아닌 '절제의 전략'을 활용해야 한다. 중독에서 얻는 쾌감 대신 내가 나를 지배하는 쾌감을 느끼는 것이다. 이렇게 되면 '중독이 나빠서 끊는다'가 아니라 스스로 자신을 지배하는 절제 자체를 즐길 수 있다. 절제의 능력은 타고난 것이 아닌 훈련으로도 충분히 키울 수 있다.

정체성은 '나는 누구인가?' 에 대한 것이다. 정체성의 위기(identity crisissms) '청소년들이 삶에서 현재와 미래의 역할에 대해 혼란스러울 때 경험하는 불확실성과 불편함'을 의미하는 데 정신분석학자 에릭슨이 만든 용어다. 청소년들은 사춘기 때 정체성 위기를 거쳐 정체성 성취(identity achievement)이라는 발달학적 결과물을 얻게 된다. 정체성 성취는 자신의 직업과 세상을 바라보는 가치관에 대해 확신하고 전념하는 단계를 이야기한다."

사춘기로 성장하는 우리 아이

사춘기는 병이 아니다. 인간 심리 발달은 청소년에서 완성되는 것이 아니라 평생 지속하기에 정체성 위기는 나의 인생에서 여러 번 찾아올 수 있다. 자녀들은 혹독한 사춘기를 잘 보내고 나면 성숙을 넘어 완숙해지는 단계에 이르게 된다.

자녀가 힘든 일이 있을 때 호들갑스러운 걱정을 하거나 뼈아픈 조언보다는 따뜻한 말 한마디 눈빛 하나가 더 큰 위로가 된다.

인간의 잠재의식에 관해 많은 연구를 했던 조셉 머피 박사는 이런 말을 했다.

"분노, 공포, 질시, 증오 등 모든 부정적 감정은 남을 탓하는 데서 발생된다. 이런 감정이 잠재의식에 저장되면 몸속의 독이 된다. 그리고 그 독은 성공을 향한 모든 에너지를 빼앗아간다. 그래서 남을 탓하며 성공할 수 있는 사람은 존재하지 않는다."

지방에 가기 위하여 고속도로에 진입했다. 소음차단벽을 타고 올라가는 넝쿨을 보았다. 넝쿨은 낮은 포복을 좋아한다. 몸에서는 풀냄새가 난다. 손이 손을 모았다. 담을 향해 줄타기를 시작하면 속도는 시작되고 간혹, 끊어진 넝쿨은 손이 손을 놓쳐 허공에서 허우적댄다. 매일은 오늘처럼 소음과 속도에 길든 고속도로 담벼락은 몸뚱이를 내어준다.

넝쿨이 향하는 끝은 손가락으로 허공을 더듬어 등줄기로 바람을 잡아 어제를 오르고 오늘을 오른다. 소음과 속도를 견디지 못한 아파트는 방음벽으로 옷을 입었다. 넝쿨은 고속도로 넘어 매일의 시간을 조금씩 키워간다. 시간을 넘어 소음과 속도를 갈아타며 넝쿨은 사는 것이다. 견디는 사이 햇살 한 줄기 바람 한 가닥이 오늘을 슬쩍, 넝쿨에 밀어 넣는다. 손과 손이 모이는 시간이면 한 뼘이 커졌다. 넝쿨을 보면서 강인한 삶을 배운다. 아이들도 매일 자신의 껍데기를 깨고 나아가기 위하여 성장하는 중이다.

김상운의 『흔들리지 않는 공부 멘탈 만들기(왓칭으로 만나는 기적의 결과)』에는 이런 내용이 나온다.

　"'할 수 있는 것' '잘하는 것'을 찾아보고 발견하는 과정에서 자신을 들여다보며 긍정의 에너지를 불어 넣을 수 있다.

　자신의 강점을 생각하는 것도 똑같은 '나 자신'이지만 어떻게 생각하느냐, 어떻게 바라보느냐에 따라 강점이 보이기도 보이지 않기도 한다. 강점 없는 사람은 이 세상에 존재하지 않는다. 다만 강점과 약점이 숨바꼭질하는 것이다. 그리고 작은 강점을 찾아 거기에 초점을 맞추면 강점이 점점 더 커져서 약점을 덮어버리게 된다."

타인의 평가나 비판에 민감한 아이들은 자존감이 낮다. 또래 친구집단의 수용에 관심이 예민하기 때문에 친구를 가족보다 중시하는 경향이 있다. 또래 친구집단의 지원과 부모와의 긍정적인 의사소통, 성공적인 학교생활이 자존중감을 회복시킬 수 있다.

　자녀에게 강점을 찾아 잘하고 있다고 칭찬해주어야 한다. 칭찬을 잘해주는 부모가 되려면 부모 자신이 스스로 강한 신념을 가지고 아이를 보듬어주어야 한다.

★ 잘하고 있다고 말하는 부모가 되자

아이는 매일 성장한다. 성장을 멈추지 않기 때문에 고통이 따르는 것이다. 자존감은 자기를 사랑할 수 있는 능력이다. 좌절이 닥친 어려운 상황에서도 '나는 소중한 존재'라는 소중한 메시지가 내 마음을 지켜주면, 인간의 잠재력은 무한하고 세상은 항상 새로운 기회가 찾아오기에 다시 일어설 수 있다.

8
아이는 공부에 대해
부모보다 더 많이 고민한다

당신 스스로가 하지 않으면 아무도 당신의 운명을 개선해주지 않을 것이다.
- B. 브레히트

아이를 사춘기를 생각해야 할 시간

윤대현 정신건강의학과 교수의 『하루 3분, 나만 생각하는 시간』에는 이런 내용이 나온다.

"자녀에게 부모가 하는 이야기가 잔소리로 여겨지는 것은 논리적 설명과 강한 권유가 뒤섞인 직설적 커뮤니케이션을 쓰기 때문이다. 자녀를 사랑하는 마음에 기다릴 여유가 없다 보니 강한 직설 화법이 튀어나오게 되는 것이다.

학생들은 공부에 대한 스트레스를 공부하고 있을 때가 아니라 공부를 해야 하는데 하고 있지 않거나 공부를 하고 있긴 하지만, 제대로 하지 않을 때 발생한다고 한다."

내 자녀는 강점과 약점을 가지고 있다. 위대한 인물들도 역시 강점과 약점을 가지고 있다. 사춘기 자녀의 강점을 찾아주게 되면 열정과 에너지가 넘치게 되어 자신만의 목표를 찾게 된다.

지금 우리는 학생 때부터 경쟁 사회로 내몰리고 있다. 아이들은 친구가 경쟁상대가 되고 중학교부터 절대평가의 기준에 평가되고 있다. 예를 들면 90점부터 100점은 A, 80-89점은 B가 되는 등급의 체계다.

상대평가는 고등학교에서 적용하고 있다. 1등급부터 10등급까지 나누는 평가다. 이러한 현실 속에서 아이들은 공부에 대해 많은 고민을 하고 있다. 중학교는 절대평가, 고등학교는 상대평가로 점수가 매겨지는 아이들은 내신에 포함된 수행평가도 잘 받기 위해서 매 순간 긴장의 끈을 놓지 못하고 노력하고 있다는 것이다.

김상운의 『흔들리지 않는 공부 멘탈 만들기(왓칭으로 만나는 기적의 결과)』에는 이런 내용이 나온다.

공부를 하다 보면 집중이 잘될 때가 있다고 한다. 그럴 때는 한참을 공부해도 피곤하지 않고, 공부를 마치고도 뿌듯한 마음이 드는데 몰입상태의 순간이라고 한다. 몰입에서 가장 중요한 것은 현재에 집중하는 것이다. 하지만 우리는 대부분 이미 일어난 일이나 아직 일어나지 않은 일을 생각하느라 지금, 이 순간에 집중하지 못하는 경우가 많다고 한다.

집중을 했는데도 공부가 안된다는 것은 대부분 생각이 자꾸만 과거나 미래로 떠돌아다니기 때문이라고 한다. 그러나 현재로부터 멀어진 시점에서 떠도는 생각일수록 부정적인 생각이다. 우리가 살아가면서 반드시 피해야 할 말이 있다. "난 ~때문에 못 해."와 "난 ~때문에 안 돼." 바로 이 두 가지다. 이런 말을 '피해자의 언어'라고 저자는 말한다.

"난 머리가 나빠서 아무리 열심히 해도 공부를 잘할 수가 없어." "~ 때문에"라는 말에는 '불가피성'이 숨겨져 있어서 부정적으로 사용하면 힘이 쭉 빠지게 되는 것이라고 말한다.

사실 아이는 공부에 대해 지금 이 순간에도 부모보다 더 많이 고민하고 있다

헤르만 에빙하우스(Hermann Ebbinghaus)라는 독일의 심리학자가 "사람들은 아무리 달달 암기했던 것이라도 1시간만 지나면 55%, 하루 지나면 67%, 한 달쯤 지나면 90%를 망각하게 된다." 무엇이든 완벽하게 기억하는 데 단번에 몰아서 외우는 건 소용없다는 것이다.

박민수, 박민근의 『공부 호르몬(습관과 의지를 지배하는 호르몬을 알면 공부의 길이 보인다)』이라는 책에는 이런 내용이 나온다.

실제로 공부 호르몬이라는 학명이 붙은 호르몬은 존재하지 않는다고 한다. 하지만 공부할 때 우리의 뇌에서는 여러 호르몬이 분비된다고 한다. 이 호르몬은 공부하는 데 중요한 정도가 아니라 매우 막중한 역할을 하기 때문에 공부 호르몬은 뇌 기능과 학습 능력을 좌우하는 핵심 인자라고 전한다. 긍정적인 공부 마인드, 건강한 생활습관, 튼튼한 몸과 뛰어난 뇌의 힘은 공부 호르몬이 활성화되게 만들어서 활성화된 공부 호르몬이 공부에 대한 강한 의욕과 에너지를 제공한다고 나온다.

공부 애호감은 학습 동기의 중심이 되는 요소이긴 하지만 이것 역시 학습 동기의 전부가 될 수 없다고 한다. 공부 호르몬이 뇌에서 샘솟는 단계로 나아가기까지는 상당 기간 전력을 다해 의지를 곧추세우는, 공부 의지 성장의 단계를 밟아야 하지만, 성인의 경우에는 아무리 짧아도 7주 이상 걸린다고 전한다.

『공부 호르몬』에서는 배운 것을 오래도록 기억하는 팁도 소개하고 있다. 그렇다면 어떻게 해야 한 번 배운 것을 오래도록 기억할 수 있을까? 우선 위에서 언급한 망각곡선을 역이용하는 것이다.

저자가 제시하는 '배운 것을 오래도록 기억하는 방법'을 요약하면 아래와 같다.

눈으로만 공부하는 것보다 소리와 동작이 보태지면 더 잘 기억한다. 쓰고, 말하고, 몸으로 표현하며 암기하라. 즐거운 감정을 느낄 때 기억력도 배가된다. 행복감과 관련된 도파민과 세로토닌 모두 기억력을 높이는 호르몬이다. 특히 도파민은 단기 기억이 장기 기억으로 저장되는 데 필수적인 물질이다. 즐겁게 공부하는 방법을 꾸준히 찾아보라.

또 김상운의『흔들리지 않는 공부 멘탈 만들기(왓칭으로 만나는 기적의 결과)』에서는 이렇게 말한다.

이미지 훈련은 통해 자신에 대한 믿음을 회복할 수 있다고 전한다. 공부할 때 생각처럼 공부를 하지 못했다면 그건 그 과정을 구체적으로 머릿속에 미리 그려 넣지 않았기 때문이다. 언제, 어디서, 어떻게 실행할 것인지를 이미지로 구체적으로 그려 놓으면 그대로 이뤄질 가능성도 높아진다. 과정이 구체적일수록 이미지도 그만큼 더욱 선명하게 그려진다고 한다.

하지만 막연한 노력은 시간만 들이고 성과로 이어지지 않는다. 그래서 공부에도 크고 작은 목표와 세세한 계획이 필요하다고 말한다.

사실 아이는 공부에 대해 지금 이 순간에도 부모보다 더 많이 고민하고 있다.

★ 아이는 공부에 대해 부모보다 더 많이 고민하고 있을까?

공부 애호감은 학습 동기의 중심이 되는 요소이긴 하지만 학습 동기의 전부는 될 수 없다. 공부 호르몬이 뇌에서 샘솟는 단계로 나아가기까지는 상당 기간 전력을 다해 의지를 세우는, 공부 의지 성장의 단계를 밟아야만 한다.

다섯째 시간

부모의
사춘기 공부가
아이를
행복한 어른으로
만든다

사춘기와 그 이후의 행복에 대해 생각하라

인생의 희망은 늘 괴로움이라는 언덕길, 그 너머에서 기다리고 있다.
- 몽테뉴

사춘기의 행복에 대하여 이야기하자

'행복'이라는 말을 사전에서 찾아보면 '생활에서 충분한 만족과 기쁨을 느끼어 흐뭇함 또는 그러한 상태'라고 되어 있다. 사춘기를 행복하게 보낸 아이가 행복한 어른이 되듯이 행복의 한계는 개인에 따라 달라지기도 한다.

에카르트 폰 히르슈하우젠(Eckart von Hirschhausen)은 행복에 중독이 되는 이유는 끊임없이 갈구하기 때문이라고 한다. 도파민은 우리를 충동질하고 미치게 만든다. 그것은 우리에게 만족감과 행복을 약속하지만 절대로 온전히 가져다주지 않는다. 진화의 설계에 따라, 우리는 행복을 갈구하지만, 결코 지속해서 느끼지는 못하도록 프로그래밍이 되어 있는 것이다. 미칠 노릇이다!

미국의 헌법에도 '행복추구권'이 보장되어 있다고 나온다. 다시 말해서 행복을 탐색할 수는 있지만, 그것을 찾아서 손에 넣는다는 보장은 없다는 것이다. 탐색은 평생토록 계속된다. 그리고 어떤 지름길을 택할 때마다 목적지에서 점점 더 멀어진다. 비극적이면서도 희극적이고 비인간적이면서도 인간적이며, 우주 최대의 해학이자 심술이 아닐 수 없다. 그의 주장에 따르면 인간은 행복을 추구하는 본성이 있지만 그것을 만족시키려는 노력은 절대 성공하지 못한다고 한다. 사람은 어떤 것에 대한 욕구가 충족되면 금세 새로운 충족을 위해 눈을 돌리기 때문이다.

자긍심에는 두 가지 요소가 있다. 하나는 '자신감'이고 다른 하나는 살아오면서 느끼고 경험하는 가운데 형성된 자신의 존재 가치에 대한 감각 '자존감'이다. 자긍심은 자신감과 자존감의 조화를 통해 이루어진다. 자긍심은 먼저 자신을 사랑하고 존중하는 데서부터 시작된다. 자신을 가치 있게 여기고 존중하는 사람이 남도 귀하여 여기고 존중할 줄 아는 것이다. 자긍심은 남과 경쟁하거나 비교해서 얻는 것이 아니다.

사춘기를 행복하게 보낸 아이가 행복한 어른이 된다

토니 험프리의 『자존감 심리학(있는 그대로 살아도 괜찮아)』에는 이런 내용이 나온다.

> "직관을 기르는 한 가지 중요한 방법은 하루를 끝낼 무렵, 사춘기 자녀와 정서적 갈등을 해소하는 습관을 들이는 것이다. 그래서 분노, 슬픔, 괴로움 또는 다른 사람들의 정서적 문제로 인한 우울함 등을 품은 채 잠자리에 들지 않는 것이다."

또 그의 책에는 다음과 같은 자녀와 부모가 건강한 가정의 특징이 소개된다.

- 조건 없는 사랑
- 자신과 안정된 관계에 있는 부모
- 부부간의 화합
- 소유를 전제로 하지 않는 따뜻함과 애정
- 판단하지 않는 태도
- 그림자 반응 때문에 위협받거나 깨지지 않는 가족 관계
- 다른 사람들과의 진실한 인간관계
- 독립심

- 창의성

- 사람과 행동을 분리해서 생각한다.

- 삶과 타인에 대한 사랑을 표현한다.

- 가족 구성원들 각자의 개인성, 고유함, 가치, 매력, 능력을 자주 확인한다.

- 서로를 받아들인다.

- 서로의 가치를 인정하고 존중한다.

- 장점과 약점을 인정한다.

- 서로의 삶에 관심을 가진다.

- 서로의 욕구에 적극적으로 귀를 기울인다.

- 노력을 격려하고 칭찬한다.

- 배움에 대한 사랑과 도전 정신을 기른다.

- 실수와 실패를 배움의 기회로 삼는다.

사춘기 자녀를 키우는 부모들은 "자식 한 명 키우기가 왜 이렇게 힘들까?"라고 이야기한다. 자녀를 둔 부모들이라면 누구나 한 번쯤 고민하는 부분이다. 사춘기 자녀를 어떻게 키워야 할지 난감할 때가 한두 번이 아니기 때문이다.

아이의 자긍심

작은아이가 학교에서 방과 후 활동으로 바이올린 오케스트라 수업을 배울 기회가 있었다. 오케스트라 연주를 통해 사회도 배우고 봉사활동을 해야 시간도 인정받을 수 있어서 그것을 하게 했다. 1학기 동안 성실하게 방과 후 활동을 하는 줄 알았던 나는 2학기 수업을 시작할 무렵 음악 선생님에게 그동안 많이 빠져서 봉사활동 점수를 줄 수 없다는 연락을 받았다. 뒤통수를 얻어맞은 것 같았다. 황당하고 작은아이가 얄미워서 화가 났다. 나는 선생님에게 수업 빠진 횟수를 문자로 보내 달라고 해서 수신을 받아 저장했다. 1학기 내내 작은아이가 수업 시간마다 빼먹고 반년 넘게 피시방에 가 있으면서 거짓말을 한 것이다.

작은아이를 다그치니 잘못했다고 하면서도 자기만 그런 게 아니라 선배들과 다른 반 친구들도 빠졌다고 변명을 했다. 다음 날 다시 음악 선생님에게 연락이 왔는데 빠진 학생들이 많아서 이번만 봐주기로 했고 봉사활동 점수가 일부 인정되어 반영된다고 했다.

처음에는 사춘기라고 생각하기보다 거짓말을 하는 것에 혼을 내야 한다는 생각이 들었지만 '혹시 내가 매를 드는 행동이 잘못된 것은 아닐까?'라는 생각도 들었다. 부모 노릇을 어떻게 해야 제대로 하는 것인지에 대해 아이의 사춘기와 맞물려 고민해야 했다.

톨스토이는 자긍심이 왜 중요한지를 일깨워주는 대표적인 사례이다.

러시아의 대문호 톨스토이는 명문 백작 집안의 아들로 태어났다. 톨스토이는 항상 조상에 대한 긍지를 지닌 채 살았다고 한다. 어린 시절 톨스토이는 할아버지를 닮고 싶어 했다. 성장하면서 그는 선조들로부터 얼마나 큰 은혜를 입었는지 깊이 깨닫게 되었는데 그는 집안 곳곳에 있는 선조들의 작은 초상화를 보는 것을 좋아했다고 한다.

톨스토이에게 아버지, 조부, 증조부를 떠올리는 것은 매우 즐거운 일이었다고 한다. 선조들의 운명과 성격, 그들의 삶의 순간들은 톨스토이에게 창작의 힘을 불어넣어주고 상상의 날개를 펼칠 수 있게 해주었기 때문이다. 결국, 톨스토이에게 자신과 처가가 몸담고 있던 귀족가문의 전통은 그의 사상과 문학에 큰 영향을 끼치는 재료였던 셈이다.

자긍심이 높은 사람은 어려운 문제나 곤란한 상황에 직면했을 때 그 문제를 해결할 수 있는 능력을 갖추고 있지만, 자긍심이 낮은 사람은 최선을 다해보지도 않고 쉽게 포기하는 경향이 있다. 행복한 부모의 모습을 본 아이들이 행복을 꿈꾸게 된다. 아이들은 성인이 되어 가정을 이룬 뒤에도 부모의 모습을 떠올린다. 아이들은 부모의 행복도 물려받게 된다. 그러므로 부모와 자녀가 견해 차이가 생기더라도 먼저 아이의 말에 귀를 기울이며 대화를 해야 한다.

★ 사춘기를 행복하게 보낸 아이가 행복한 어른이 될까?

자긍심은 먼저 자신을 사랑하고 존중하는 데서부터 시작된다. 자신을 가치 있게 여기고 존중하는 사람이 남도 귀하여 여기고 존중할 줄 아는 것이다. 자긍심은 남과 경쟁하거나 비교해서 얻는 것이 아니다. 행복한 부모의 모습을 본 아이들이 행복을 꿈꾸게 된다.

2
아이의 사춘기, 부모부터 달라져야 한다

사람이 저지르는 잘못 중에서 가장 큰 잘못은 그 잘못으로부터
아무것도 배우지 못할 때이다.
- 존 포웰

사춘기 스트레스 대처 능력을 키우자

"10대의 인지 능력도 성인과 거의 비슷하다. 그런데도 실제 생활에서는 생각이 어른보다 턱없이 모자란다. 뇌의 크기는 같아도 기능은 아직 성인에 미치지 못하기 때문이다. 수년 내에 어른만큼 성숙해지기 위해서 아이들의 뇌는 바쁘게 변화한다. 전두엽이 점차 활성화되고, 신경세포망이 정비되면서 인내심과 책임감이 자라난다. 그런데 잔소리를 해서 아이가 막중한 책임감을 느끼게 되면 '노르에피네프린'이라는 물질이 분비된다. 이 물질은 전두엽과 인지 기능에 심각한 악영향을 끼친다. 오히려 인내심과 책임감이 부족한 아

이로 자랄 수도 있는 것이다. 시험을 앞두고 있거나 성적이 떨어진 자녀에게 지나친 비난이나 꾸중을 하는 것은 불 난 집에 부채질하는 것과 마찬가지다. 노르에피네프린은 ADHD 유발에도 관련이 있는 것으로 알려져 있다."

– "엄마의 잔소리가 아이 건강을 해친다" 〈조선일보〉 2019. 08. 09.

부모는 자녀에게만 빠져들어 몰입하면 잔소리밖에 할 것이 없어 갈등을 겪게 된다. 그보다는 곁에서 조금 떨어져 지켜보고 자신의 감정 상태를 컨트롤해야 한다. '자녀 교육' 이외에 다른 영역에서도 부모가 자신의 의미를 찾고 삶의 즐거움을 구하는 것도 한 방법이다. 자녀에게 몰두해야 자녀가 잘된다고 생각할 것이 아니라, 부모 스스로 행복한 삶을 유지하는 편이 좋다.

딸아이가 초등학교 6학년 무렵부터 나는 좋은 학교를 보내기 위하여 중학교 설명회를 들으러 다녔다. 예중, 국제중학교 등을 듣고 나서 딸아이의 미래를 계획하려고 했다.

아이의 의사와는 상관없이 내가 설계해주려고 했다. 입시는 쉽지 않았다. 일반 중학교로 배정받고 학교에 다니고 있는 아이를 보면서 나는 다시 고등학교 준비를 해주기 시작했다. 딸아이는 약간 부담스러워하는 것 같았다.

설명회를 듣고 학교 팸플릿을 가져오면 아이는 처음에는 좋아하더니 점점 갈수록 그렇지 않은 것 같았다. 한번은 제주도 브랭섬 홀 아시아 여자학교 설명회가 있어서 온 가족이 제주도 여행 겸 가봤다. 학교 관계자들의 설명을 듣고 나서 학교를 둘러보고 약간의 상담시간을 가진 뒤 학교를 나섰다. 하지만 제주도라는 지역으로 와야 하는 큰 난관이 있었다.

기숙 생활도 하고 학비도 내야 하니 경제적인 면을 생각하지 않을 수 없었다. 생각만으로 가득했던 입시를 앞두고 실행으로 옮기지는 못하고 그렇게 제주도 여행과 함께 학교 설명회만 듣는 것으로 마무리했다.

좋은 학교와 좋은 환경에서 공부시키고 싶은 마음은 전 세계 학부모가 같다.

나도 예외는 아니었다. 딸아이가 사춘기가 올 무렵부터 공부는 약간 주춤하게 되고 아이의 감정을 살피게 되었다. 감정의 기복이 심해지고 신경질을 많이 내고 사춘기 이전과는 다른 행동을 해서 당황했다.

내가 달라져야 한다는 생각은 하지 못한 채 아이만 잡으려고 했다.

풍도(馬道)의 『설시(舌詩)』에서는 이런 말이 나온다.

입은 곧 화에 이르는 문이요. (口是禍之門)

혀는 몸을 자르는 칼이로다. (舌是斬身刀)

입을 닫고 혀를 깊숙이 감추면(閉口深藏舌)

가는 곳마다 몸이 편안하리라.(安身處處牢)

옛날 사람들은 말을 적게 하는 것을 중요시했다. 성경은 "혀는 사람을 죽이기도 하고 살리기도 한다."라고 가르친다. 명심보감에도 "입과 혀는 재앙과 근심의 문이요, 몸을 찍는 도끼다."라는 구절이 있다. 우리 속담에도 "화는 입으로부터 나오고 병은 입으로부터 들어간다."라고 한다.

반대로 말의 미덕을 가르치는 교훈도 많다. 원석도 갈고닦으면 보석이 되듯 말도 잘 닦으면 예술이 되는 것이다. '말 한마디로 천 냥 빚을 갚는다', '부드러운 혀는 상대방의 뼈도 꺾어놓을 수 있다'는 말이 그 사실을 증명해준다.

아이가 사춘기가 되면 부모가 먼저 말을 조심하고 자녀도 마찬가지로 말을 조심하고 삼가야 한다.

아이의 사춘기는 부모가 달라져야 하는 시간이다

김주환의 『회복탄력성』에는 이런 내용이 나온다.

"어떤 불행한 사건이나 역경에 대해 어떠한 해석을 하고 어떠한 의미로 스토리텔링을 부여하는가에 따라 우리는 불행해지기도 하고 행복해지기도 한다. 분노는 사람을 약하게 한다. 화를 내는 것은 나약함의 표현이다. 분노와 짜증은 회복 탄력성의 가장 큰 적이다. 강한 사람을 화내지 않는다. 화내는 사람은 스스로의 좌절감, 무기력함을 인정하는 것이다. 분노가 우리의 인생에 닥친 여러 가지 역경을 해결해주는 경우는 없다. '화난 척'이 때로 도움이 될 수는 있을지언정, 진정 '화를 내는 것'은 항상 문제를 더욱 어렵게 만든다. 분노는 모든 것을 파괴하며, 그 무엇보다도 화내는 사람 자신의 몸과 마음을 파괴한다."

화를 끌어안은 채 부모와 아이가 사춘기를 보내게 되면 소통할 기회가 점점 줄어들게 된다. 문제를 꼬고 어렵게 몰고 가기 때문에 모두가 피폐해진다. 부모는 화가 나는 상황이 오더라도 화를 가라앉히고 분노를 다스려야 한다.

"작가나 음악가 같은 예술가들은 자유로운 삶 속에서 창작한다고 짐작한다. 하지만 대부분 성공적인 예술가들은 의외로 규칙적인 생활을 하며, 매일 정해진 분량의 작업을 한다. 소설가 베르나르 베르베르는 매일 오전 10쪽 분량의 글을 쓰고, 오후 1시부터는 사람들과 만나 점심을 먹는다. 무라카미 하루키는 아침에 달리기하고, 간단한 식사 후에 글을 쓰고, 오후에는 쉬고, 저녁에는 음악을 듣는 일상을 지킨다.

절대 무리하지 않고 일상의 루틴을 정확히 지켜나가려고 한다. 그것이 오랫동안 글을 쓸 수 있는 비결이라고 많은 작가들이 입을 모아 말한다. 하루키는 "소설 한 편을 스는 것은 어렵지 않습니다. 그러나 소설을 지속적으로 써낸다는 것은 상당히 어렵습니다. 누구라도 할 수 있는 일이 아닙니다."라고 『직업으로서의 소설가』에서 그의 루틴을 소개한 바 있다."

-"일상 루틴의 중요성" 〈중앙일보〉 2016. 07. 10.

정말 반짝하는 것이 아니라 오랫동안 지속해서 잘해나가기 위해서는 천부적 재능 이상으로 중요한 것이 일상 루틴을 만들어 철저하게 지켜나가는 것이다. 루틴이 무너지면 정상을 유지하기 어려워진다. 부모도 마찬가지로 일상 루틴의 중요성을 생각하며 달라져야 한다.

아이와 건강한 사춘기를 보내려면 학교생활과 공부를 해나가는 데 명확한 목표의식을 갖는 것이 중요하다. 일찍 일어나는 일도 마찬가지다. 아침에 일찍 일어나서 아침 시간을 마련했는데 해야 할 일에 대한 목표나 목적이 정해지지 않은 상태라면 의욕도 생기지 않는다. 가족들이 아침부터 두뇌 회전을 빠르게 하려면 우선 아침에 무엇을 할지 명확하게 정해야 한다. 정해진 목표와 구체적 행동을 결합해 습관화하는 것이 중요하다. 다시 말해, 아침에 일어나서 '뭘 하지?'라고 막연히 생각하기보다는 저절로 몸이 움직일 수 있는 자기만의 아침 루틴을 만들어야 한다.

10대 자녀는 자신의 감정을 명확하게 인식하지 못하기 때문에 우울해도 화를 내고, 불안해도 화를 내고 감정이 화로 연결되는 것이다. 자녀의 마음속에는 화를 내면서도 두려움이 있을 수도 있고 슬픔이 있을 수도 있는 것이다. 사춘기의 감정을 '화'를 품고 있으므로 부모가 세심하게 보살펴야 한다. 아이가 가지고 있는 화를 내는 행동 이면의 감정을 발견하면 공감하고 지지해주는 모습을 보여줘야 한다. 사춘기는 부모부터 달라져야 하는 시간이다.

엄마 아빠의 사춘기 공부 실전연습

★ 사춘기 아이와의 대화법이 있다

아이가 못하는 부분을 인정하고 애정을 표현하고 장점을 끌어내어 발돋움할 수 있도록 대화를 이끌어내야 한다. 아이가 무조건 짜증 내고 화를 내더라도 표현하지 말고 먼저 들어주려는 자세가 필요하다.

3
아이는 부모의 애정을 먹고 자란다

남보다 더 잘하려고 고민하지 마라.
지금의 나보다 더 잘하려고 애쓰는 게 더 중요하다.
- 윌리엄 포그너

아이는 믿는 만큼 자란다

예나 지금이나 변치 않는 것이 있다면 아이를 키우는 것은 여전히 두렵고 힘든 일이라는 것이라고 저자는 말한다.

여성학자 박혜란 씨가 펴낸 '다시 아이를 키운다면'(나무를 심는 사람들)은 독특한 위치를 점하고 있는 가수 이적의 엄마로도 잘 알려진 저자가 오지도 않은 미래를 걱정하느라 느긋하게 아이 키우는 순간들을 즐기지 못했다는 아쉬움은 아이 키우기의 본질은 무엇인가를 되돌아보게 한다. 저자의 말대로 2030 젊은 엄마들에겐 (저자처럼 후회하지 않으려면) "30년 후의 마음으로 아이를 키우라"라는 조언을 한다. "어떻게 아이를 키울 것인가는 결국 내가 어떻게 살아야 할 것인가와 동떨어진 문제가 아니다."라며 "아이가 행복하기를 원하면 나부터 행복해지라."고 힘주어 말하는 저자가 말하는 좋은 엄마의 조건은 이렇다.

'아이의 존재 자체를 사랑하고 고맙게 생각한다.'

'아이를 끝까지 믿어준다.'

'아이의 말에 귀를 기울인다.'

'아이의 생각을 존중한다.'

'아이를 자주 껴안아 준다.'

'아이와 노는 것을 즐긴다.'

'아이에게 공동체의 룰을 가르친다.'

'아이에게 짜증을 내지 않는다.'

'아이에게 잔소리하지 않으려 노력한다.'

"저자의 아이 키우기 욕심은 끝이 없다. 예전과는 확연히 달라진 세상에서 "다시 아이를 키운다면" 친환경 먹거리로 정성스레 식탁을 차려주고, 매일매일 자연을 접하게 해주며, 운동과 친해져 몸을 잘 쓸 수 있도록 하고, 잠자리에서 옛날이야기를 질리도록 들려줄 것이라고 말한다."

−"'바보 엄마'가 안 되려면 어떻게 살아야 할까" 〈여성신문〉, 2013. 05. 15.

아이는 부모의 애정을 먹고 자란다

박미진의 『10분 속마음 대화법(엄마 아빠의 10분이 아이 인생을 바꾼다)』에는 이런 내용이 나온다.

자녀에게 가장 좋은 교육은 '엄마 아빠는 너를 신뢰하고 사랑한다'는 것을 깨우쳐주는 것이라고 한다. 자녀의 말을 열심히 들어주는 것이야말로 부모의 신뢰와 사랑을 보여주는 가장 확실한 방법이라고 저자는 전한다.

아이의 강점을 찾아서 다양한 것들을 경험하게 해주며, 아이안에 숨어 있는 능력을 끄집어 내어 대화를 나눈다면 사춘기의 방황보다는 강점 발견으로 시작될 것이다. 아이는 부모의 애정을 통해 느리게 가더라도 지금의 성적에 연연해하지 않고, 배움의 가치를 소중히 여기며 아이가 자존감을 갖는데 집중해서 보호한다면 건강하게 자란다.

김주환의 『회복 탄력성』에는 이런 내용이 나온다.

워너 교수는 카우아이섬 연구를 통해 회복 탄력성이라는 개념을 확립했다고 한다. 워너 교수가 40년에 걸친 연구를 정리하면서 발견한 회복 탄력성의 핵심적인 요인은 인간관계였다고 전한다. 어려운 환경 속에서도 꿋꿋이 제대로 성장해나가는 힘을 발휘한 아이들이 예외 없이 지니고 있던 공통점이 하나 발견된 것은 아이의 입장을 무조건 이해해주고 받아주는 어른이 적어도 그 아이의 인생 중의 한 명은 있었다는 것이었다. 엄마였든 아빠였든 혹은 할머니, 할아버지, 삼촌, 이모이든 간에, 그 아이를 가까이서 지켜봐주고 무조건적인 사랑을 베풀어서 아이가 언제든 기댈 언덕이 되어주었던 사람이 한 사람은 있었다고 저자는 말한다.

톨스토이 말대로, 사람은 결국 사랑을 먹고 산다는 것이 카우아이 섬 연구의 결론이다. 사랑 없이 아이는 강한 인간이 되지 못한다. 사랑을 먹고 자라야 아이는 이 험한 세상을 헤쳐 나아갈 힘을 얻는 법이다. 이러한 사람을 바탕으로 아이는 자기 자신에 대한 사랑과 자아 존중심을 길러가며 나아가 타인을 배려하고 사랑하고 제대로 된 인간관계를 맺는 능력을 키우게 된다. 그리고 이것이 바로 회복 탄력성의 근본임을 카우아이 섬 연구는 알려준 것이다.

★ 아이가 사춘기가 되면 부모부터 달라져야 한다

아이가 웃음을 잃어버린 것 같고, 말수가 줄고, 퉁명스러워지면 부모는 당황하지 말고 효과적인 피드백을 주어야 한다. 자신을 따뜻한 눈길로 지지해주고 응원해주는 부모가 있다는 걸 아는 아이는 함부로 행동하지 않으려고 노력한다.

4
완벽한 부모보다 행복한 부모가 되라

승자가 즐겨 쓰는 말은 "다시 한 번 해보자."이고
패자가 즐겨 쓰는 말은 "해봐야 별 수 없다."이다.
- 탈무드

긍정적인 아이는 긍정적인 아이로 자란다

나폴레온 힐은 긍정은 긍정을, 부정은 부정을 끌어들인다고 했다. 좋은 것이든 나쁜 것이든 당신이 현재 소유하고 있거나 앞으로 소유하게 될 모든 것은 당신의 '생각'이라는 매개체를 통해 당신에게 이끌린 것이다. 당신의 뇌는 자석과 같아서 당신이 소유한 모든 것이 들러붙는다. 현재 당신의 위치가 어디든 그것은 당신의 지배적인 생각의 결과다.

사춘기 자녀를 둔 당신이라면 자녀에게 긍정적인 면만을 보여주고 말하려고 노력해야 한다.

경제경영 관련 도서 가운데 최고의 베스트셀러로 꼽히는 스티븐 코비의『성공하는 사람들의 7가지 습관』에는 이런 내용이 나온다.

"성공하는 사람들의 특성 가운데 하나로 상호이익을 추구하는 습관을 들고 있다. 손해 볼 줄 하는 자세는 장기적인 안목이 있을 때 실천할 수 있다. 따라서 자녀를 손해 볼 줄 아는 사람으로 키우려면 자녀들이 장기적으로 인생의 목표를 설계하도록 해줘야 한다. 장기적인 목표가 없으면 어느 순간에 목표의식을 잃고 방황하기 쉽다."

자녀의 사춘기 교육은 막연하게 접근하면 안 된다. 막연히 '학교생활을 잘하고 있겠지, 사춘기를 잘 보내는 아이로 키워야지.' 하는 것은 착각이다.

아이들은 사회적 규약을 무의식적으로 배운다. 아이들은 부모의 행동을 의미 있게 받아들인다. 인간은 절대로 조작할 수가 없다. 가장 불행한 아이는 부모가 자녀를 조작해서 만들어내려고 할 때 시작된다. 아이를 가르치는 방법은 부모가 보여주는 것이나 아이가 하는 것을 따라가는 것 중 하나다. 부모가 먼저 행동하지 않으면 아이는 절대 배우지 않는다.

자존감은 성공적인 인생을 살아가는 데 꼭 필요한 핵심요소 중 하나이며, 기본적으로 우리 자신에 대한 신념들의 집합이다. 자존감의 가장 중요한 핵심 2가지는 자기 가치와 자신감이다. 그것이 바로 자존감이다. 자존감이 학업뿐 아니라 삶의 거의 모든 영역에 영향을 준다. 살아가면서 생기는 문제를 자존감이 낮은 사람보다 높은 사람은 더 잘 이겨내고 성공한다.

철학자 아리스토텔레스는 "행복은 어떤 행위의 결과가 아니라 행위 그 자체에 있다."라고 선언했다. 우리는 추구하는 행복을 누리기 위해서는 결과물에 대한 집착이 아닌 '선한 습관'과 '선한 행위'를 내 삶의 일부로 만들어야 하고, 이런 태도를 익히기 위해 인간의 사회의 선량한 규범을 만들어 강제력을 행사할 필요가 있다고 주장했다.

사춘기 자녀를 둔 부모는 앞서 말한 바와 같이 자녀에게 부모라서 완벽해지려고 하기보다는 '선한 습관'과 '선한 행위'로 행복을 추구해야 한다.

인도의 인사말 '나마스떼'는 '지금 여기의 당신을 존중하고 사랑한다'는 뜻이다. 사춘기 자녀를 두고 키우면서 부모가 잊지 말아야 할 것은 아이를 존중하고 사랑하는 마음을 가져야 한다는 점이다. 부모가 사춘기를 어떻게 보냈느냐에 따라 사춘기 자녀를 둔 가족의 행복과 불행이 좌우되기 때문이다.

나는 사춘기에 대해서 심각하게 받아들이지 않고 내 아이를 누구보다 잘 안다고 생각했다. 내 아이라서 내가 안다는 착각 속에 빠져 있었다. 하지만 사실 나는 부모나 남편, 내 아이가 무슨 생각을 하고 어떻게 느끼고 있는지 모르고 살아간다. 소통하지 못하고 가족의 관계라는 틀에서 아이에게 생각할 시간을 주지 않고 일방적으로 강요된 감정을 주입했다.

완벽해지려고 하지 말고 행복한 부모가 되어야 한다

"영국의 정신분석가 존 볼비(John Bowlby, 1907~1990)는 1950년 세계보건기구의 요청으로 부모를 잃고 대형 탁아시설이나 고아원에서 자라난 아이들이 어떤 심리적 영향을 받는지 연구했다. 그 결과물이 애착 이론으로, 1969년 발표된 논문 '어머니의 보살핌과 정신 건강(Maternal Care and Mental Health)'에 담겼다.

존 볼비(John Bowlby)에 의하면, 아이가 부모에 대해 갖는 강하고 지속적인 유대, 즉 '애착'은 인간 본성의 가장 중요한 기본이다. 애착은 특히 생후 1년간 어머니 등 양육자와 아이 사이의 교류 과정에서 다양한 형태로 형성된다. 유아기에 양육자의 신뢰와 지지를 받고 자란 아이는 타인과 긍정적인 관계를 형성한다. 제대로 보살핌을 받지 못한 아이는 성인이 되어서도 지적·사회적·정서적 지체를 경험하게 된다.

캐나다의 발달심리학자 에인스워스(Ainsworth, 1913~1999)는 1978년
발표한 '낯선 상황(the strange situation) 연구'에서 애착을 안정 애착, 회
피 애착, 불안정 애착으로 구분했다. 그는 아이가 분리(分離) 불안을
느끼게 되는 '낯선 상황'을 고안했다. 빈방에 아이를 홀로 두거나 낯
선 사람이 들어와 접근하는 등의 상황을 20분간 연출했다.

안정형의 아이는 양육자와 함께 있을 때 탐색 행동이 많았다. 마음
이 놓여 양육자보다는 장난감 등에 관심을 보였다. 양육자가 갑자기
방을 나가 분리 불안이 유도되었을 경우 적절한 불안감을 호소했다.
양육자가 돌아오면 달려가 안겨서 정서적 안정을 얻고 양육자와 상
호 교감하는 행동을 했다. 회피형 아이는 양육자와 함께 있더라도 상
호작용이 적었다. 양육자가 말도 없이 방에서 나갔다가 돌아와도 별
다른 접촉 시도를 하지 않았다. 낯선 상황에 대한 불안감 자체를 별
로 느끼지 않았다.

불안정형은 양육자에게 접촉을 시도하지만, 접촉으로 마음의 안정
을 찾지 못했다. 양육자에게 자주 매달리거나 혹은 밀거나 발로 차는
공격적 행동을 보였다. 양육자가 방을 떠나면 스트레스를 받았다. 그

러나, 양육자가 다시 방에 들어왔을 때 더 크게 울거나 화를 내는 등
의 행동을 보였다."

– "리뷰 경제를 리뷰, 미래를 본다" 〈이코노믹〉 2019. 07. 15.

나는 부모의 역할에 대해 인지하지 못했고 가족에게서 벗어나지 못했
다. 아이의 의존하려는 욕구와 독립의 욕구를 채워주고 노력해야 한다는
것을 뒤늦게 깨달았다. 친정엄마를 통해 나는 많은 것을 깨달았다.

친정엄마는 가까운 거리에 사신다. 큰아이는 내가 워킹맘이어서 직접
키워주셨고 작은아이는 일을 그만두고 내가 키웠다. 엄마는 가까운 곳에
사시기 때문에 자주 만나 뵙고 보살펴드린다. 현재는 생사를 알 수 없지
만, 북한에 가족이 있어 가슴에 맺힌 한이 많으시다. 유년 시절을 송두리
째 6.25 전쟁과 함께했다는 가슴 아픈 기억 때문에 불행한 시절을 보냈
다고 손주들에게 들려주신다. 생생한 역사의 산증인이기도 하다. 행복한
가정이 6.26전쟁 때문에 무너진 것이다.

어린 시절 엄마가 믿고 의지했던 엄마가 북한군의 총에 의해 돌아가시
고 가족의 따뜻한 정을 받지 못한 채 보낸 사춘기 시절을 회상하며 이야
기해주신다. 소설로 쓰면 엄청난 분량이 될 거라고 이야기하신다. 드라
마 같은 엄마의 인생이다. 지금의 아이들은 환경적인 지배는 받지 않으
니까 좋은 시기에 태어났다고 말씀하신다. 작은아이가 사춘기라고 '사춘

기라서 그런가 봐.'라고 토로하면 당신의 과거에 비해 아주 행복한 것이라고 이야기하신다.

사람은 누구나 힘들고 외로울 때 다가와서 마음을 열고 자신을 위로해줄 누군가가 필요하다. 가장 가깝고 믿을 만한 곳이 가정이다.

특히, 자녀가 사춘기라면 완벽한 부모가 되려 하지 말고 아이와 더불어 행복한 부모가 되어야 한다.

엄마 아빠의 사춘기 공부 실전연습

★ 욱하는 아이를 조심하라

아이가 쏟아내는 불만과 욱하는 화에 이리저리 치이지 않게 조심해야 한다. 어떤 상황에서도 부모는 냉정을 잃지 않고 상황에 대처하는 모범을 보여줘야 한다. 아이가 화를 낼 때는 잠자코 아이의 이야기에 귀를 기울이다가 공정한 해결책을 제시해주어야 한다.

5
부모에게는 사춘기 공부가 필요하다

기회는 작업복을 입고 찾아온 일감처럼 보여서 사람들 대부분 놓치고 만다.
- 토마스 에디슨

사춘기 자녀를 대하는 부모의 자세에 대하여

EBS 아이의 사생활 제작팀 『아이의 사생활 1』에는 이런

내용이 나온다.

"아이는 사춘기가 되면 자신의 주위를 훑어보고 자신과 타인의 차
이를 선명하게 알며 외모를 꾸미려고 노력하게 된다. 그래서 화려한
외모의 여자 가수에 열광하거나 멋진 남자 배우가 나오는 드라마에
심취할 수도 있다. 공부 대신 이런 곳에 관심을 쏟는 아이의 행동은
자칫 부모들에게 고민거리가 될 수 있다. 하지만 이것은 후두엽의 발

달에 따른 자연스러운 행동으로, 시간이 지나면 그에 관한 관심은 점차 줄어들 것이다. 그러므로 꾸중하기보다는 그 기분을 이해해주고 자연스럽게 받아들이는 태도가 필요하다. 이러한 외모에 관한 관심, 이성에 관한 관심도 어른이 되기 위한 준비 중의 하나다.

　　미국의 발달심리학자 에릭 에릭슨(Erik Erikson)의 발달이론에서는 이 시기를 '정체감의 위기'라고 말한다. 사춘기에 접어들어 신체적인 변화가 급속히 일어나고 새로운 사회적 역할이 요구되면서 아이들은 당황하고 자신에 대한 회의나 의문을 품기 시작한다. 그러자 자신에 대한 회의를 시작으로 지금까지 발달해온 자신을 정립하고 분명한 자기 인식을 하게 되면서, 자아발달의 최종 단계인 자아 정체감 ego-identity 이 확립되는 시기이기도 하다. 자아 정체감이 형성되면 자신의 능력이나 역할, 책임에 대해 분명히 알게 되며 이후 잘 적응해나갈 수 있게 된다."

하지만 자신에 대한 의문에서 회의와 혼란, 방황이 길어지고 긍정적인 자아 확립이 되지 않을 경우, 아이는 자아 정체감이나 역할을 혼미하게 느끼는 상태로 남을 수 있다. 이 시기를 잘못 보내면 성인이 되었을 때 문제가 생긴다는 말이다.

12세부터 17세 정도까지가 전두엽의 발달이 가장 왕성한 시기다. 청소년 시기에는 전두엽이 완전히 새로 태어난다고 말할 수 있을 정도로 전두엽의 구조나, 전두엽의 네트워크, 시냅스의 형태, 세포의 숫자, 신경세포 자체의 숫자, 이런 것들의 전반적인 변화가 일어난다. 이 무렵, 전두엽 발달에 필요한 여러 가지를 점검하고 결정하기 때문이다.

미국의 전 대통령 버락 오바마는 말했다.

"변화는 우리가 누군가나 무엇인가를 기다린다고 해서 찾아오는 게 아니다. 우리 자신이 우리가 기다리던 사람이고 우리가 바로 우리가 추구하는 변화다."

사춘기 자녀를 대하는 부모들도 자신들이 변해야지만 아이의 변화를 받아들일 수 있게 된다.

박경철의 『시골의사 박경철의 자기 혁명』에는 이런 내용이 나온다.

"우리가 태어나는 순간에는 이성은 전혀 존재하지 않는다. 아기는 욕망에 따라 움직인다. 즉, 인간은 태어날 때는 아무것도 모르지만, 차차 눈을 뜨고 귀가 열리면서 엄마가 말하는 '지지'나 '안 돼'같은 '금지'를 먼저 배우게 되는데 그것은 아이가 위험을 모르기 때문이다.

아이는 호기심 가득한 욕망으로 불에 다가가거나 칼을 만지려고 하므로 금지를 먼저 가르치게 되는 것이다."

이것이 교육의 출발이다. 유아 그림책 중 『안 돼, 데이빗!』이 베스트셀러가 된 이유다. 이 시기의 교육은 대개 원초적인 위험을 자각하고 몸에 습관이 배도록 하는 것이다. 물론 어린 시절의 금지가 지나치면 억압과 죄의식으로 발전해 평생 괴롭히는 콤플렉스가 되기도 한다. 아기가 자라 약 8세가 되면 정규교육을 받는다. '학교'라는 울타리에 들어가 작은 '사회'를 배우는 것이다.

친구라는 수평적 개념, 스승과 제자라는 수직적 개념, 공동체 훈련, 윤리와 정의에 대한 인식 등 사회생활을 해나가는 데 필요한 제도들을 습득하는 과정이다. 이전까지는 가정이라는 좁은 영역에서 무한의 배려는 받다가 비로소 좀 더 큰 사회를 경험하게 되는 것이다. 하지만 이것은 각종 전문 과목을 배우기 위한 기초교육에 불과하다. 사회적 의미에서 볼 때 이때의 학교 교육은 공동체 훈련이다.

여기서도 우선되는 것은 금지다. 무엇을 '하라'보다 무엇을 해서는 '안 된다'라는 규율을 더 강력하게 교육한다. '지각하면 안 된다, 공부시간에 졸지 마라, 선생님께 버릇없이 굴면 큰일 난다. 나쁜 친구를 사귀면 안 된다. 친구들과 싸우지 마라, 담배를 피우면 큰일 난다.'

사춘기의 출발점

그런데 요즘 우리 사회는 긍정적이고 적극적인 진취성을 기른다는 이유로 이런 금지 교육을 의도적으로 멀리하기도 하고, 또 학교가 단지 상위학교로 진학하기 위한 학원으로 전락해버리면서 이런 사회적 규율을 제대로 가르치지 못하고 있다. 금지 교육은 지나치면 독이 되지만 교육에서 필요한 과정이다. 학교에서 금지 교육을 통해 몸에 밴 사회적 규율이 졸업 후 '사회'라는 더 큰 광장으로 나아갈 때 '공존'의 지혜를 알려주기 때문이다. 하지만 금지는 억압으로 받아들이기 쉽다. 그래서 청소년들이 답답함을 호소하는 것이다. 물론 좀 더 세련된 교육방식으로 금지를 가르칠 필요도 있지만 사실 어떤 제도에서도 금지는 금지이기 때문에 힘들고 답답한 면이 있을 수밖에 없다.

또한, 사춘기 시기에는 어떤 책을 읽는 게 좋을까? 사춘기 시기인 중학생과 고등학생은 감각적인 고전문학으로 생각을 배울 시기이므로 펄 벅의 『대지』로 출발해서 루쉰의 『아Q정전』의 중국 문학을 거쳐 헤르만 헤세의 『데미안』, 『싯다르타』, 앙드레 지드의 『좁은 문』 프란츠 카프카의 『변신』, 제인 오스틴의 『오만과 편견』, 어니스트 헤밍웨이의 『노인과 바다』, 조지 오웰의 『1984』, 『동물농장』 등 보편적인 고전문학을 읽는 것이 좋다.

고등학생은 의식과 인지력 확장을 위해 시와 한국문학, 제3세계 고전을 읽을 시기이다. 예를 들면 시는 서정주로 시작해서 김수영, 정호승의 작품을 읽고 한시의 묘미도 알 필요가 있다. 이후에는 우리 근현대소설과 도스토옙스키의 『카라마조프가의 형제들』, 『죄와 벌』 등의 러시아 문학, 그리고 제3세계 문학과 『삼국지』등을 읽으면서 사고의 폭을 넓히면 된다.

자녀가 사춘기가 되면 먼저 마음의 문을 열기를 기다리기보다 부모가 먼저 따뜻한 말로 다가가서 표현해야 한다. 칭찬하는 말, 믿음의 말, 사과하는 말, 인정하는 말, 지지해주고 위로해주는 말, 사랑한다는 말 등으로 표현해주면 자녀를 대하기가 수월해진다.

자녀를 믿지 못하고 간섭하면 부모와 자녀의 사이는 멀어지게 된다.

가족들과 함께하는 국립 고흥 청소년 우주체험센터의 가족 캠프를 신청했다. 5시간 정도 걸려서 도착해 프로그램에 참여했다. '아이손, 지구와 조우하다'였다. 1박 2일 동안 진행되는 천문학 강의로 아이손 혜성의 과거와 미래, 천체투영 교육 및 별자리 관측, 아이손 혜성 관측이었다.

배정받은 방은 배의 선실 같은 방에 2층 침대가 2개로 구성된 방이었다. 새로운 환경에서 천문학에 대한 강의를 듣고 캄캄한 고흥 밤하늘 아래에서 별자리를 관측하는 것이 경이로웠다. 무수히 쏟아질 듯한 별과 달, 그리고 맑은 공기는 상쾌함을 가져다주었다. 학교와 학원, 집을 다람

쥐 쳇바퀴 돌 듯 다니던 아이들은 오랜만에 자연을 만끽하며 별과 달을 관찰하면서 즐거워했다.

오랜만에 아이들과 즐거운 시간을 갖고 아이들의 감정을 교류하는 소통하는 시간이었다.

평상시에 생활하던 모습과는 약간 다르게 아이들은 생기 있고 활기찬 모습이었다. 여행이 가져다주는 즐거움 때문일까? 사춘기에 대한 아이들과의 불편한 감정은 잠깐 사라지고 가족이 하나 되는 소중한 느낌이었다.

부모의 역할은 자녀를 억압하고 무조건 통제하는 것이 아니다. 부모가 사춘기 자녀에게 해줘야 할 일은 자녀가 긴 안목을 가지고 큰 그림을 그리고 볼 수 있도록 도와주고 격려하는 것이다. 물론 미래에 대한 궁극적인 선택은 자녀 스스로 해야 하지만, 부모들도 사춘기 공부를 통하여 정보를 공유하거나 현실적인 조언을 해줘야 가족 모두 건강한 사춘기를 보낼 수 있다.

★ 자제심을 잃은 아이 대처법

아이가 흥분한 상태에서 자제력을 가르칠 수 있는 가장 좋은 방법은, 부모가 먼저 자제하는 모습을 보이고 자제심을 잃었을 때 발생하는 상황과 닥칠 수 있는 결과를 보여주는 것이다.

6
아이를 더 세심하게 들여다보라

고난이 고귀한 것이 아니라 고통에서 재기하는 것이 고귀하다.
- 크리스니안 바너드

아이를 세심하게 들여다보는 시간

큰아이 일기장의 한 페이지

2012년 11월 21일 수요일

〈스티븐 코비〉에 대하여

아빠께서 스티븐 코비에 대한 명언을 알려주셨다. 아빠 회사인 현대자동차에서 스티븐 코비라는 사람의 책에서 가져온 것이다.

아빠는 이 종이를 주셨는데 '스티븐 코비의 성공하는 사람의 7가지 습관'에선 이렇게 말하고 있다.

1. 자신의 삶을 주도하라

2. 목표를 확립하고 행동하라

3. 중요한 것부터 먼저 하라

4. 상호이익을 추구하라

5. 경청한 다음에 이해시켜라

6. 시너지를 내라

7. 심신을 단련하라

아빠는 이 중에서 '2번 목표를 확립하고 행동하라'를 다른 것보다 약간 더 중요하게 여긴다고 하셨다. 목표나 꿈이 없는 사람은 인생에 대한 자신감과 꿈, 목표를 가지고 도전해야 한다고 나는 생각한다. 하지만 정작 지금 나 자신은 정확한 꿈이 없다. 나의 미래, 장래희망에 대한 목표는 세워두었지만, 가끔 뜬구름 잡는 것도 아닌가 생각될 때도 있다. 그래서 스티븐 코비의 명언에 대해 다시 생각해보면 1번은 리더십, 2번은 목표(인생 목표), 3번은 우선순위, 4번은 인간관계, 5번은 열린 자세, 6번은 신뢰, 믿음이고 7번은 자신을 단련하는 것이다. 그래서 나는 이번 명언들을 토대로 확립한 목표를 세워서 이뤄나갈 것이다.

아이들과 영화 〈신과 함께〉를 영화관에서 관람했다. 사십구재 이야기로 소재가 좋았고 한국영화에서 드문 판타지 영화의 장르였다. 줄거리는 저승 법에 의하면 모든 인간은 사후 49일 동안 7번의 재판을 거쳐야만 한다. 살인, 나태, 거짓, 불의, 배신, 폭력, 천륜 7개의 지옥에서 7번의 재판을 무사히 통과한 망자만 환생하여 새로운 삶을 시작할 수 있다.

"김자홍 씨께서는 오늘 예정대로 무사히 사망하셨습니다."

화재사고 현장에서 여자아이를 구하고 죽음을 맞이한 소방관 자홍, 그의 앞에 저승사자 해원맥과 덕춘이 나타난다. 자신의 죽음이 아직 믿기지도 않는데 덕춘은 정의로운 망자이자 귀인이라며 그를 치켜세운다.

저승으로 가는 입구, 초군 문에서 그를 기다리는 또 한 명의 차사 강림, 그는 차사들의 리더이자 앞으로 자홍이 겪어야 할 7개의 재판에서 변호를 맡아줄 변호사이기도 하다. 염라대왕에게 천 년 동안 49명의 망자를 환생시키면 자신도 역시 인간으로 환생시켜주겠다는 약속을 받은 삼차사들은 자신들이 변호하고 호위해야 하는 48번째 망자이자 19년 만에 나타난 의로운 귀인 자홍의 환생을 확신하지만, 각 지옥에서 자홍의 과거가 하나둘씩 드러나면서 예상치 못한 고난과 맞닥뜨린다.

영화를 관람하고 난 후 작은아이는 원작 만화책을 사달라고 했다. 영화를 보고 난 후라 서로 편하게 대화를 할 수 있었다. 저승인 사후 세계에 관해서 관심을 가지기 시작한 아이는 신기해했다. 밥을 먹으면서도 화장실을 갈 때도 신과 함께 만화책을 들고 갔다. 밥을 먹을 때도 아이는 영화 내용을 이야기하면서 즐거워했다.

사춘기 자녀를 둔 부모라면 아이가 스스로 뇌를 잘 이용해서 원하는 것을 성취하게 도와주어야 한다. 아이가 스스로 답을 찾아갈 수 있도록 긍정적이고 편안한 분위기를 만들어주어야 한다. 공부를 즐겁게 할 수 있도록 도와주어야 한다.

EBS 아이의 사생활 제작팀 『아이의 사생활 1』에는 요즘 청소년들이 자신의 감정을 솔직하게 표현할 시간이 없다고 한다. 하지만 시간을 내어 아이의 감정을 솔직하게 표현하는 자리를 자주 만들어주는 것이 아이의 뇌에 좋다. 스탠퍼드 대학의 제인 리처드 박사는 여대생들에게 신체의 부상이 심한 남자에서 보통인 남자에 이르기까지 다양한 남자의 슬라이드를 보여주고, 여학생 절반에게는 감정을 자유롭게 드러내게 하고, 나머지 절반에게는 아무런 느낌이 없는 것처럼 무표정하게 있으라고 요구했다.

그리고 조금 후 단기기억력 테스트를 해보았다. 결과는 감정표현이 자유로운 집단이 그렇지 못한 집단보다 점수가 더 높았다. 연구팀은 감정을 부자연스럽게 억제하려는 의도가 뇌의 집중력 변화를 가져와 소수의 신경 세포들만 기억 과정에 참여하게 해 기억력이 떨어진 것으로 추측했다. 자신의 기분이나 하고 싶은 말을 마음껏 표현하지 못하는 아이의 뇌에는 높은 집중력도, 기억력도 기대할 수 없는 것이다.

민주적인 부모가 되자

딸아이가 중학교를 입학하고 시험을 치렀다. 국어, 수학, 영어, 과학, 기술과 가정 5과목을 봤는데 잘 보지 못했는지 충격을 받은 아이의 일기장에 온통 걱정투성이였다. 초등학교 때의 점수와 비교했을 때 점수가 낮아져서 당황해하는 것 같았다.

첫 시험에서 시험을 잘 봐서 당당하게 부모님을 기쁘게 해드리고 싶었는데, 본인은 불안과 걱정을 가지고 전전긍긍하고 있었다. 시간이 지나고 써놓은 일기를 보니 새삼스럽게 다가왔다. 차라리 내일이라는 시간이 오지 않으면 좋겠다고 하면서.

그래도 욕심이 있어서 부모에게 잘 보이려고 하는 마음이 있었던 모양이다.

케빈 리먼의 『사춘기 악마들』에는 이런 내용이 나온다.

"가장 바람직한 양육 형태는 부모가 자녀에 대해 건강한 권위를 갖고 균형 잡힌 태도를 취하는 것이다. 건강한 권위를 가진 부모는 자신과 아이들이 동등하다는 것을 믿는다. 한 가족이기 때문에 이겨도 다 같이 이기고 져도 다 같이 진다고 느낀다. 가족 구성원은 누구 하나 더하거나 덜하지 않고 똑같이 중요하다. 건강한 권위를 가진 부모는 자신이 집안 분위기를 책임져야 한다는 것을 잘 안다. 그래서 모든 가족이 정신적, 신체적으로 안전하게 지낼 수 있는 규칙과 한계를 정하기 위해 노력한다.

다음은 스마트한(SMART)한 부모가 되는 법이다.

S(Self-control) : 자제력은 대단한 이점이다. 아이가 자제력을 갖길 바란다면 당신부터 그런 모습을 보여라.

M(Minimize) : 부정적인 기대는 최소화하자. 긍정적인 생각에 초점을 맞춰라.

A(Attitude) : 당신의 태도는 10대 아이와의 게임에서 승리할 비장의 무기다.

R(Recognize) : 아이는 당신이 아니라는 점을 인정하자.

T(Talk) : 아이가 하는 이야기를 잘 듣고, 잘 생각하고, 마음을 가다듬은 다음 아이에게 말을 하자."

아이들이 어렸을 때는 엄마가 스케줄 관리해주는 대로 학교생활, 학원 생활을 무난히 해나간다. 그렇지만 자아가 형성되고 사춘기가 시작되면 아이가 눈빛과 행동과 생각이 달라진다. 그리고 아이가 낯설어지면 부모는 상처받는다. 자녀와 부모 자신에 대한 불신에서 괴로워한다. '엄마의 갱년기와 자녀의 사춘기가 만나면 누가 이길까?'라는 자조 섞인 말이 학부모 모임에 나가면 심심찮게 들린다. 사춘기와 갱년기는 감정조절이 어려운 점에서 비슷하다. 부모가 먼저 자녀를 배려한다면 자녀도 부모를 배려하려고 노력할 것이다. 지금은 아이의 말을 공감해주고 아이를 세심하게 들여다봐야 한다.

엄마 아빠의 사춘기 공부 실전연습

★ 지금 바로 내 아이를 더 세심하게 들여다보자

아이의 현재 상태와 부모의 양육 태도를 들여다봐야 한다. 아이는 새로운 인생의 페이지를 넘기려 하고 있다. 우리 아이를 뒤에서 바라보며 그의 선택을 믿어줘야 한다. 부모는 아이들이 각자 원하는 길로 가도록 지혜롭게 도와주어야 한다.

7

아이와 함께 한 뼘 더 성장하라

비관론자는 모든 기회에서 어려움을 찾고,
낙관론자는 모든 어려움에서 기회를 찾아낸다.
- 윈스턴 처칠

아이와 함께 성장하는 시간

딸아이의 사춘기가 극에 달해 갈등이 심해지고 나는 나
대로 사춘기의 특성에 대하여 제대로 인지하지 못하고 있었다. 딸아이를
못 믿어서 감시하고 억압하던 시기에 쓰러져 입원하게 되었다. 나의 병
을 계기로 나도 변했지만, 딸아이도 조금씩 달라지기 시작했다. 딸도 나
도 사춘기라는 상황에 맞닥뜨리면서 당황하다가 시간이 흐르고 딸아이
도 성장하면서 수그러들었다. 아픈 만큼 성숙하게 되는 것일까? 나의 입
원과 퇴원의 과정을 통해 관계가 좋게 회복되어 사춘기의 고비를 잘 넘
긴 것 같다. 이제는 대학생이 되어 책을 이야기하며 인생을 논하고 사춘

기 시절과 방황했던 시절과 답답했던 교실의 분위기를 이야기한다. 작년에는 고3을 보내며 방탄소년단을 좋아하고 방탄소년단 덕분에 미래를 찾을 수 있었다고 한다. 그리고 올해 대학에 입학해서는 앞으로 펼쳐질 대학교 생활과 공부, 취업과 진로 설계를 진지하게 고민한다.

『데미안』의 주인공 에밀 싱클레어는 어린 시절 어두운 세계와 밝은 세계, 둘로 나누어진 세계에 대한 회의와 함께 자신의 존재에 의문을 품는다. 짧지 않은 고뇌와 고통스러운 투쟁 끝에 소년기의 나약함과 사춘기의 방황이라는 알을 깨는 데 성공한다. 에밀 싱클레어의 성장 과정을 통해 심오한 단계로 발전해간 것이다. 자신만의 노력의 결과가 아니었다. 어느 날 홀연히 나타난 신비로운 전학생 데미안이 없었다면, 그는 좁고 어두운 과거의 세계에서 영영 빠져나오지 못했을지도 모른다.

그는 마침내 새가 알을 깨고 나오려고 하듯이 미숙한 자신과 타인의 모습을 외면하고 부정하는 대신 따뜻한 시선으로 바라봄으로써 우리는 한 인간이 알을 깨고 새로운 세계를 마주하도록 이끌어줄 수 있다. 새롭게 태어나려는 자는 하나의 세계를 깨뜨려야만 하며 거기서 발견한 자아만이 진정한 삶의 의미를 지닐 수 있음을 깨닫게 된다.

많은 메시지를 담고 있는 『데미안』은 싱클레어라는 소년이 자라면서 자아의 정체성을 스스로 깨달아가는 성장소설이다.

'태어나려는 자는 하나의 세계를 깨뜨려야 한다.'라는 메시지처럼 진정한 자신의 삶을 주도하며 살기 위해서는 남이 아닌 스스로 선택한 자아의 확립이 필요하다고 말한다.

데미안의 메시지는 사춘기 시절의 방황하는 자녀들에게 잘 들어맞는다. 자신의 껍데기를 부수고 새로운 나를 찾아야 한다.

리처드 바크의 『갈매기의 꿈』에서는 "가장 높이 나는 새가 가장 멀리 본다."라고 한다. 그들에게 가장 중요한 것은 그들이 가장하고 싶어 하는 일을 추구하고 완벽한 수준에 이르는 것으로, 그것은 바로 나는 일이었다. 이 삶에서 무엇을 배우느냐에 따라 다음 삶이 결정된다. 아무것도 배우지 못하면 그다음의 삶에서도 똑같은 한계와 극복해야 할 무게에 짓눌리고 만다.

"진정한 자신이야말로 너의 스승이다. 너 자신을 이해하고 실천하는 일이 필요하다."

사춘기를 공부하는 부모 되기

매 순간 아이들도 조금씩 자신을 발견하며 키워나간다. 자신의 한계에 갇히지 않고 진정한 자신과 만나는 것이 성장하는 것이다.

부모가 자녀의 말에 귀를 기울이고, 뜻을 지지해주고, 용기를 북돋아

쥐야 한다. 책임감도 함께 심어주며 자녀가 부모에게 관심을 받고 있다는 것을 알고 자기 일에 마음을 쓰고 있다는 것을 느끼면 자녀가 느끼는 부모의 가치는 많이 올라갈 것이다. 그리고 부모와 자녀의 사이도 원활해질 것이다. 자녀를 건강하고 바르게 키울 수 있는 대목이다. 자녀는 부모가 바뀐 만큼 성장한다.

사춘기는 부모와 아이가 마라톤을 하는 것처럼 지루하고 험난한 코스가 기다리고 있다. 고통의 순간에도 출발선을 지키고 도착지점으로 귀결해야 한다. 불안과 두려움을 품고 있는 사춘기 시절 준비되지 않는 부모는 많이 당황한다. 흙에 씨를 뿌리면 싹을 틔우고 줄기를 뻗어 올리고 열매를 맺고 꽃을 피우고 꽃이 떨어지면 흙 위로 다시 스며들고 흙으로 돌아간다. 사춘기도 새로운 꽃이 피는 것처럼 새로운 자아가 성장하기를 기다려야 한다.

아이의 사춘기를 잘 몰랐던 시절을 생각하면 부끄럽지만, 시간과 세월이 더해지고 사춘기에 관해서 공부하고 혹독한 신고식을 치르고 이겨내고 나니 이제는 아이와 웃으며 이야기할 수 있다. 지금 큰아이는 사춘기를 보냈고 중3인 작은아이는 사춘기를 보내고 있다. 몰랐던 사춘기를 보내고 알게 된 사춘기를 맞이해서 작은아이와 가끔 충돌해도 건강하게 이겨내고 있다.

사춘기가 되면 자녀들의 학습도 걱정이 되는 부분이다. 자녀들의 학습은 심리와 현재의 감정 상태가 많이 좌우한다. 자녀들은 부모가 이야기를 잘 들어주고 교사가 관심을 두는 상태에서 친구들에게 인정받을 때, 행복감과 동시에 자존감을 느끼며 심리적 안정을 느끼게 되어 공부에 집중할 수 있게 된다.

사춘기는 실제 있지만 내가 두려워하지 않는다면 좋은 상을 갖게 될 것이다. 오랫동안 사춘기 아이에게 갇혀서 습관화된 상황에 부딪히면 나도 모르게 괴로움에 빠져들게 된다. 하지만 아이와 정면으로 마주하고 괴로움이나 화, 짜증, 미움 등이 일어날 때 우리 아이는 문제가 없다고 자각한다면, 또 아무 일도 일어나지 않을 것이라는 훈련을 계속 한다면 아무 문제도 없을 것이다.

비난을 받으면 누구나 불쾌해진다. 비난에서 창조적인 것은 절대 생겨나지 않는다. 인간은 누구나 잘못을 저지른다. 장점에만 주목하고, 장점만을 키울 수 있도록 이끄는 것이 사춘기 자녀 교육과 인재 육성의 비결이다. 내적으로 발현되는 반항을 행동으로 옮기는 과정에서, 자녀가 성숙해지는 삶의 과정이 사춘기라면 더 아이의 사춘기에 대해 고민할 필요가 없다. 부모가 방황하고 헤매는 만큼 아이도 방황하고 헤매게 되므로 부모부터 달라지는 모습을 보여야 한다. 사춘기에 관하여 공부하여 내 아이를 세심하게 들여다본다면 분명 아이와 함께 성장하는 부모가 될 것이다.

사춘기는 부모를 일깨우는 자극이다!

『데미안』은 주인공 에밀 싱클레어가 10살 때부터 청년이 되기까지 내면의 성장 과정을 그린 소설이다. 싱클레어처럼 딸도 성장통을 겪으며 성장하고 있었다. 엄마라는 거대한 알껍데기를 부수고 나오려고 하는 중이었다. 그런데 나는 엄마의 자리에서 딸이 거대한 알껍데기를 부수지 못하게 하고 가둬두려고 했다. 사람은 누구나 365일 마라톤처럼 42.195km 구간을 뛰어가고 있다.

이제 딸아이는 나와의 관계가 좋게 회복되어 책을 이야기하며 인생을 논하고 미래를 설계 중이다. 고3을 보낸 딸은 학교생활과 공부, 미래에 대한 불안감과 두려움, 감옥 같은 교실을 이야기했다.

새벽이면 깨어나지 않은 식구들을 뒤로한 채 가볍게 산책을 한다. 산

책 후에 집으로 돌아와 커피 머신기 전원을 누르고 생원두를 커피 분쇄기에 간다. 원두는 분쇄되면서 알갱이 부서지는 소리와 커피 향을 진하게 뿜어낸다. 클래식 FM을 틀고 아침을 준비한다. 반복되는 일상 속에서 느끼는 소중한 행복들이다.

'엄마가 해줄 수 있는 것은 없어. 우리 딸과 아들이 커가는 걸 지켜보고 응원해주는 것밖에 없지만, 변하지 않고 같이 성장통을 겪으며 엄마 자리에 있도록 노력하려고.'

딸에게 마음을 열어놓고 허심탄회하게 소통하기 시작했다.

어둠이 내려앉은 성남시 중앙도서관에서 책을 읽고 나오는 길은 불빛으로 환하다. 자신을 빛내는 희망을 하나씩 품고 매일 도서관을 밝히는 사람들, 도서관에 모여 책과 함께하며 매일 하늘로 날아오를 날을 꿈꾸는 반디를 닮은 사람들이 모인 것 같다.

책 속의 자기계발서는 나에게 말을 건다.

"타인은 변하지 않는다. 타인을 변화시키려고 하지 말라."

딸아이가 본격적으로 사춘기가 시작될 즈음 나는 수중 속에서 귀를 막은 채 허우적거리고 있었다. 답답한 마음에 도서관에서 책을 읽으며 점점 세상이라는 수면 위로 올라오게 되었다.

　꾸준히 책을 읽고 독서 서평을 노트에 쓰다가 아이들에게 보여주고 싶어 블로그에 글을 올렸다. 글을 쓰다 보니 나를 돌아보게 되고 참회하는 마음으로 시를 쓰게 되었는데 백일장에 참가하여 상을 받고 등단하여 나를 찾게 되었다. 삶은 내가 원하는 방향으로 나아간다는 것을 자기계발서를 읽으며 알게 되고 매일 긍정을 생각해야 긍정의 힘을 끌어당긴다는 것을 알게 되었다. 성장하는 삶은 누구나 성장통을 겪을 것이다.

　시간을 돌아보고 거슬러 고민하고 생각하는 사이 나는 매일 성장을 하고 있다. 아이들을 보면서 아이들과 같이 성장통을 겪고 있다.

　도서관 풍경은 매일 바뀐다. 움직이고 이동하는 풍경은 벚꽃으로 날리다가 흩어지고 녹음이 짙은 여름을 만들어내고 잎이 떨어지는 가을이 오고 눈을 만들어 내리게 하는 겨울이 어김없이 오는 것이다. 이동하는 풍경은 사계절을 만들어낸다. 똑같은 사람이 들어 있지 않다. 차도에 늘어서 있던 차들도 트럭이었다가 경찰차였다가 또 오토바이가 서 있기도 했다. 같은 적이 없다는 것은 지루하지 않아서 좋다. 풍경은 내가 보는 각도로 움직이니까 좋다.

　땅 위 내려앉은 민들레는 말없이 봄 한철 피워 올리고 벚꽃은 봄을 떨어뜨리고 도서관에 오는 사람들도 매일 다르다. 이동하는 사람들과 바뀌는 사람들은 의도한 대로 움직인다. 풍경이 움직이는 것이 지루하지 않다 일상 매일 바뀐다. 시간도 매일 흐르고 날짜도 매일 바뀐다. 날짜가 같은 적은 없다. 숫자가 더해지고 참새 소리가 들려오고 비행기가 비행 중이다. 긍정적인 생각을 하게 된다면 두려움, 불안감, 걱정, 감정에 휩쓸리지 않고 마음이 편안해지는 것을 느낀다. 희망과 긍정은 내가 가지 못한 미지의 세계에도 데려다준다. 자투리 시간을 쪼개어 버스를 타고 가는 동안 약속 시각보다 이르게 가서 누군가를 기다리는 동안에도.

'어리석은 사람은 사춘기를 만나도 몰라보고, 보통 사람은 사춘기인 줄 알면서도 놓치고, 현명한 사람은 옷깃만 스쳐도 사춘기를 함께 이겨낸다.'

내가 죽을 고비를 넘기고 찾은 '한책협'에서 만나 책이 출간될 수 있도록 많은 도움을 주신 김태광 대표님의 코칭은 잊지 못할 인연이고 은인이다.

나에게 끊임없이 자극을 일깨워주고 위안과 위로를 준 시현실 교수님과 선생님들께 감사드린다.

나를 항상 응원하고 믿어주는 남편과 책의 출간하는 데 주인공이 되어준 큰아이와 작은아이, 친정엄마, 나를 아는 모든 분에게 감사의 말씀을

드린다.

  끝으로 원고 편집과 조언을 해준 미다스북스 출판사와 편집팀에 감사
의 마음을 전한다.